湖北省公益学术著作出版专项资金

Hubei Special Funds for Academic and Public-interest Publications

花湖机场数字建造实践与探索丛书

BIM 标准应用与创新

张　锐　邹先强　严沾谋　著

武汉理工大学出版社

图书在版编目(CIP)数据

BIM 标准应用与创新 / 张锐,邹先强,严沾谋著.—武汉：武汉理工大学出版社,2023.3
(花湖机场数字建造实践与探索丛书)
ISBN 978-7-5629-6670-8

Ⅰ.①B… Ⅱ.①张… ②邹… ③严… Ⅲ.①机场—建筑工程—计算机辅助设计—技术标准—汇编—鄂州 Ⅳ.①TU248.6-39

中国版本图书馆 CIP 数据核字(2022)第 250858 号

BIM Biaozhun Yingyong Yu Chuangxin
BIM 标准应用与创新

项目负责人：汪浪涛　　　　　　　责任编辑：高　英
责任校对：张　晨　　　　　　　　版面设计：博壹臻远
出版发行：武汉理工大学出版社
网　　址：http://www.wutp.com.cn
地　　址：武汉市洪山区珞狮路 122 号
邮　　编：430070
印刷者：武汉市金港彩印有限公司
发行者：各地新华书店
开　　本：787mm×1092mm　1/16
印　　张：11.5
字　　数：288 千字
版　　次：2023 年 3 月第 1 版
印　　次：2023 年 3 月第 1 次印刷
定　　价：78.00 元

《BIM 标准应用与创新》编写组

本书主编： 张　锐　邹先强　严沾谋

参编人员： 苏晓艳　熊　继　温加维　袁　耀
　　　　　　 韦景熙　李希龙　张　凯　艾显明
　　　　　　 金　敏　戴　轩　霍二鹏　王乾坤
　　　　　　 刘东海　郭　曾　刘鸣秋　徐刚强

主编单位：

深圳顺丰泰森控股(集团)有限公司

湖北国际物流机场有限公司

中国电建集团贵阳勘测设计研究院有限公司

参编单位：

中铁北京工程局集团有限公司

民航机场建设工程有限公司

审核单位：

武汉理工大学

天津大学

序　言

"智慧民航"是在党的十九大明确提出建设交通强国奋斗目标的时代背景下，遵循习近平总书记关于打造"四个工程"和建设"四型机场"的重要指示精神，经过全行业数年钻研、探索和实践，逐渐形成的，现已成为民航"十四五"发展的主线和核心战略。

民用机场领域的改革创新令人瞩目。2018年以来，国家民航局作出了一系列重大部署：一是系统制定行动纲要、指导意见和行动方案，指明目标和路径；二是高频发布各类导则、路线图，优化标准规范、招标规定、定额管理，为基层创新纾困解难；三是推出63个四型机场示范项目，组织机场创新研讨会、宣贯会，并召开民航建设管理工作会议，营造出浓郁的创新氛围。

鄂州花湖机场紧随行业步伐创新实践。2018年，该机场经国务院、中央军委批准立项，是第一个在筹划、规划、建设、运营全阶段贯彻"智慧民航"战略的新建机场，也是民航局首批四型机场标杆示范工程、住房和城乡建设部首个BIM工程造价管理改革试点、工信部物联网示范项目、国家发改委5G融合应用示范工程。

鄂州花湖机场智慧建造实践已取得成效。在设计及施工准备阶段，该机场深度应用BIM技术，集中技术人员高强度优化、深化和精细化建立"逼真"的数字机场模型；在施工阶段，通过人脸识别及数字终端设备定位追溯人员、车辆、机械，构建全场数字生产环境，利用软件系统及移动端跟踪记录作业过程的大数据，不但保证建成品与模型"孪生"，还强化了安全、质量、投资管理以及工人权益保障等国家政策的落实。

鄂州花湖机场智能运维的效果令人期待。该机场汇聚一大批行业内外的科研机构、科技公司及专家学者，将5G、智能跑道、模拟仿真、无人驾驶、虚拟培训、智慧安防、协同决策、能源管理等15类新技术应用到机场，创新力度大，效果可期。

为全面总结鄂州花湖机场建设管理的经验教训，参与该机场研究、建设、管理的一批人，共同策划了《花湖机场数字建造实践与探索》丛书。该丛书以鄂州花湖机场为案例，系统梳理和阐述机场建设各阶段、各环节实施数字及智能建造的路径规划、技术路线、实施标准及组织管理，体系完善，内容丰富，实操性强，可资民用机场及相关领域建设工作者参考。

希望本丛书的出版，能对贯彻"智慧民航"战略，提升我国机场建设智慧化水平，打造机场品质工程和"四型机场"发挥一定的作用。

前　言

　　随着我国民航业发展，民用运输机场数量持续增加，投资规模持续扩大。传统的建造生产和管理模式难以满足规模庞大、造型多样、功能复杂、参与方众多的民用运输机场工程建设需求。建筑信息模型（Building Information Modeling，BIM）技术具有可视化、一体化、参数化、仿真性、协调性、信息完备性等特点，特别适用于大型机场工程的项目策划、规划、设计、施工、交付和运维等全生命周期各阶段；利用 BIM 技术可实现各种信息、人员、专业、阶段的协同，为机场基础设施数字化与智慧化提供基础。

　　在政策方面，国务院办公厅发布了《国务院办公厅关于促进建筑业持续健康发展的意见》，住房和城乡建设部发布了《关于推进建筑信息模型应用的指导意见》、住房和城乡建设部等部门联合发布了《住房和城乡建设部等部门关于推动智能建造与建筑工业化协同发展的指导意见》，民航局相继发布《新时代民航强国建设行动纲要》《机场新技术名录指南》《推动民航智能建造与建筑工业化协同发展的行动方案》等重要文件，为 BIM 在各行业尤其是在民航领域的应用提供了指导。

　　鄂州花湖机场是亚洲第一个、全球第四个专业货运枢纽机场，同时也是民航局首批四型机场建设示范机场。其建设过程中坚持新发展理念，充分发挥信息化、数字化在智慧机场建设中的驱动引领作用，因此，其在机场的数字化建造中取得了丰硕的成果，已成为行业关注的焦点和学习的典范。鄂州花湖机场建设始终坚持全阶段、全业务、全专业、全参与的 BIM 实施理念，实现了基于 BIM 技术的工程建设精细化管控，提高了工程建设质量，节省了工程投资，保证了工程建设进度，更树立了 BIM 应用行业标杆。

　　本书作为鄂州花湖机场 BIM 实施技术标准，为鄂州花湖机场 BIM 顺利实施奠定了基础。本书是在湖北国际物流核心枢纽项目 BIM 实施总规文件基础上，深入研究 BIM 技术在鄂州花湖机场工程建设的应用，所形成的项目级 BIM 实施技术标准。该标准不仅提出了从整个项目到单个构件自上而下的模型结构划分方法，而且建立了模型结构分类与编码、建模方式、属性信息、构件命名等的映射关系。本书由 8 章和 4 个附录组成，其中第 1 章为绪论，第 2 章为 BIM 模型结构及编码标准，第 3 章为 BIM 资源创建与管理标准，第 4 章为 BIM 模型精度标准，第 5 章为 BIM 数据交换与软件选用标准，第 6 章为 BIM 模型与文件管理标准，第 7 章为 BIM 成果验收与交付标准，第 8 章为总结及展望，附录 A 为 BIM 实施术语定义，附录 B 为 BIM 模型构件信息表，附录 C 为模型色彩表，附录 D 为 BIM 模型精度表。

在本书编写过程中众多关心鄂州花湖机场 BIM 技术发展的同仁参与讨论并提出了宝贵意见，在此谨向他们表示衷心的感谢。希望本书的出版，能为民用运输机场建设的规划、设计和建造提供技术支撑和实践参考，促使 BIM 技术在以"平安、绿色、智慧、人文"为核心的四型机场建设与运维中得到充分发挥，推进精品建造和精细管理，实现数字赋能，为建设中国民用运输机场项目级 BIM 技术应用标准提供参考，为建立智慧机场的数字底盘提供参考依据。

鉴于理论技术发展的阶段性和局限性，以及作者学识与水平有限，本书难免存在不足之处，恳请各位专家、读者批评指正。

目　录

1 绪 论

1.1 国内外 BIM 标准发展概况

1.1.1 国外 BIM 标准

BIM 技术的兴起是当今建筑业提高生产效率和管理效能要求下的必然结果。国际标准化组织 ISO 针对 BIM 技术提出了一系列相关标准，包括 ISO 12006 *Building construction — Organization of information about construction works*（施工过程中的信息组织）、ISO 29481 *Building information models — Information delivery manual*（BIM 信息传递手册）、ISO 19650 *Organization and digitization of information about buildings and civil engineering works, including building information modelling*（BIM）— *Information management using building information modelling*（BIM 工程的信息组织与数字化）、ISO 16739 *Industry Foundation Classes* (IFC) *for data sharing in the construction and facility management industries*（工程建设与运维阶段的数据共享 IFC 标准）等。为方便地存储和传递建设项目设计、施工、运营各个阶段所需要的全部信息，国际权威 BIM 组织 building SMART 于 1997 年开始推行一种基于对象的、公开的标准文件交换格式，即工业基础分类 IFC 标准，并被国际标准化组织 ISO 采纳，纳入了国际标准 ISO 16739 中。ISO 16739 于 2018 年由 ISO 修订，包含工程建设与运维阶段的数据共享 IFC 标准。

同时，美国、英国、新加坡等均投入 BIM 标准的研究中，建立了各国的 BIM 标准体系，为各国建设工程信息化提供指导。美国国家标准与技术研究院 2017 年颁布了（*National Building Information Model Standard — United States Version 3*，NBIMS），该标准不仅涉及场地规划和建筑设计，还涉及建造过程和使用经营，覆盖了建筑工程的整个生命过程。

英国于 2000 年发布了《建筑工程施工工业（英国）CAD标准》[AEC(UK)CAD]来改进设计信息交付、管理和交换过程，随着设计需求和科技的发展，此标准涵盖的面逐渐扩大到涉及设计数据和信息交换的其他方面。但是该标准属于行业自行编制的 BIM 标准，非强制性标准。

新加坡作为亚洲 BIM 应用方面的先驱，其标准的制定主要参考了欧美国家的成熟体系，更多地偏向于实施操作的层面，在亚洲范围具有很强的代表性。2011 年，新加坡建筑管理署（Building and Construction Authority，BCA）发布了新加坡 BIM 发展路线规划（BCA's Building Information Modelling Roadmap）第一版，该规划明确推动整个建筑业在 2015 年前广泛使用 BIM 技术，为新加坡 BIM 标准体系的第一层。其后相关专家又从行业、专业应用和审查三方面分别提出了 BIM 应用指南，从而形成了新加坡 BIM 标准体系。

此外，其他各国也各自建立了国家（行业）级别的 BIM 标准体系。德国工程师协会（The Association of German Engineers，简称 VDI）负责制定了《VDI 2552》系列标准，提供了一种结构化方法，可在设计、建造和运营过程中有效实施 BIM 技术。丹麦提出了 *D-Construction*，从 BIM 模板化的角度编制标准。挪威政府授权发布了 *BIM Manual* 11.2（BIM 手册 11.2），韩国国土交通部（Ministry of Land，Transport and Maritime Affairs）发布了《建筑领域 BIM 应用指南》（*Building Industry BIM Application Guide*），为开发商、建筑师和工程师在申请相关项目时，提供采用 BIM 技术必须注意的方法及要素的指导。澳大利亚的国家标准由 NATSPEC（National Building Specification Organization）制定和推广，其中 *The NATSPEC National BIM Guide*（NATSPEC 国家 BIM 指南）是一套可以用来指导 BIM 项目实施的文档，包括《NATSPEC 国家 BIM 指南》《项目 BIM 简要模板》《NATSPEC BIM 参考清单》《NATSPEC BIM 对象/元素矩阵》。新西兰发布的 *New Zealand BIM Handbook*（新西兰 BIM 手册）旨在促进 BIM 的使用及收益，并囊括了国际标准 ISO 19650 的内容。日本建筑学会（Architects Institute of Japan，AIJ）从施工技术和信息技术层面颁布了 *BIM Guideline*（BIM 导则）。

1.1.2　国内 BIM 标准

清华大学 BIM 课题组，联合住房和城乡建设部、欧特克等多家单位在 2010 年 11 月编写了《中国建筑信息模型标准框架研究》，提出了中国 BIM 标准框架体系（Chinese Building Information Model Standard，简称 CBIMS），从面向对象上将我国 BIM 标准体系分为两大类：一是针对 BIM 软件开发人员和供应商提出的 CBIMS 技术标准，二是针对建筑工程项目参与者提出的 CBIMS 实施标准。CBIMS 的技术标准中包含了数据存储标准、信息语义标准、信息传递标准，而 CBIMS 实施标准则是落实到了实施层面，从建筑设计、施工、运营三个阶段的信息传递的需求出发提出了资源标准、行为标准和交付标准三方面的规范。

从标准颁布机构的级别上，可以将我国 BIM 标准分为国家标准、地方标准和行业标准。2011 年，住房和城乡建设部发布的《2011—2015 年建筑业信息化发展纲要》，首次将 BIM 纳入信息化标准建设内容；2013 年住房和城乡建设部推出《关于推进建筑信息模型应用的指导意见》,2016 年住房和城乡建设部发布的《2016—2020 年建筑业信息化发展纲要》中指出,BIM 是"十三五"建筑业重点推广的信息技术;2017 年,国家和地方加大BIM 政策与标准落地,《建筑业十项新技术》中同样将 BIM 列为重要技术。截至 2021 年,住房和城乡建设部相继颁布了 5 项有关 BIM 的国家标准:《建筑信息模型应用统一标准》(GB/T 51212—2016)、《建筑信息模型存储标准》(GB/T 51447—2021)、《建筑信息模型设计交付标准》(GB/T 51301—2018)、《建筑信息模型分类和编码标准》(GB/T 51269—2017)、《建筑信息模型施工应用标准》(GB/T 51235—2017),分别规定了有关建筑工程全寿命期内建筑信息模型的通用原则、建筑工程全生命期各个阶段的建筑信息模型数据的存储和交换标准、建筑工程设计中应用 BIM 建立和交付设计信息以及各参与方之间和参与方内部信息的传递过程标准、民用建筑及通用工业厂房建筑信息模型中的分类和编码标准以及施工阶段建筑信息模型的建立、应用和管理标准。2022 年 1 月,住房和城乡建设部发布的《关于印发"十四五"建筑业发展规划的通知》中明确提出,要加大力度推进智能建造与 BIM 技术在建筑业的深度应用,进一步提升产业链现代化水平。

北京、上海、深圳等城市也分别推出了各地区 BIM 使用的标准或指南,推动相关信息的应用与更新,如北京市地方标准《民用建筑信息模型设计标准》(DB11/T 1069—2014)、《上海市建筑信息模型技术应用指南》(2017 版)、《深圳市建筑工务署政府公共工程 BIM 应用实施纲要》等。

不同行业,也有各自的标准。比如中国民航局 2020 年组织编写了《民用运输机场建筑信息模型应用统一标准》,此后,《民用运输机场建筑信息模型设计应用标准》《民用运输机场建筑信息模型施工应用标准》《民用运输机场建筑信息模型运维应用标准》等也将相继出台,从而推动 BIM 技术在民用运输机场工程建设领域的应用,全面提高设计、施工、运维等环节的 BIM 技术应用能力,规范应用环境,充分发挥 BIM 技术在机场建设中的效用。铁路、水运等行业也编制了各自的 BIM 标准,助力不同行业的数字化转型。

1.2 鄂州花湖机场 BIM 标准体系

鄂州花湖机场 BIM 标准体系主要包括 BIM 技术标准、BIM 实施管理规范、BIM 计量计价规则和 BIM 实施细则。

在 BIM 技术标准中,明确了工程全生命周期 BIM 技术应用要求,包括模型结构分类与编码、资源创建和模型精度要求、模型文件管理等内容。

在 BIM 实施管理规范中,规定了设计、施工、监理、造价咨询和 BIM 咨询等实施关联方的管理行为,包括关联方职责与管理制度、各阶段 BIM 应用流程、BIM 应用进度与质量管理等内容。

在 BIM 计量计价规则中规范了项目基于 BIM 模型的建设工程造价计价行为,统一了项目计价文件的编制原则和计价方法。该规则是在参照《建设工程工程量清单计价规范》(GB 50500—2013)、《湖北省建筑安装工程费用定额》及国内其他有关建设工程工程量清单计价规范,总结我国应用 BIM 模型开展建设工程计量计价经验的基础上制定而成。内容包括工程量清单计价规则,以及民航专业工程、房屋建筑与装饰工程、通用安装工程、市政工程、园林绿化工程的工程量计算规则。

在 BIM 实施细则中指明了 BIM 实施关联方在各阶段具体的 BIM 实施路线、任务和要求,制定了关联方开展 BIM 应用所用到的管理文件模板。

本书介绍的 BIM 技术标准为鄂州花湖机场 BIM 实施标准体系的基础标准,主要内容包括 BIM 模型结构及编码标准、BIM 资源创建与管理标准、BIM 模型精度标准、BIM 数据交换与软件选用标准、BIM 模型与文件管理标准、BIM 成果验收与交付标准等。

2 BIM 模型结构及编码标准

2.1 BIM 模型结构设置

2.1.1 BIM 模型分层结构

鄂州花湖机场工程 BIM 模型结构从顶层向下拆解为：工程（项目）→单项工程→单位工程→子单位工程→阶段→专业→子专业→二级子专业→构件类别→构件子类别→构件类型→构件实例，各层级之间和内部包括聚合、组合、包含、属于和并列关系，如图 2-1 所示。

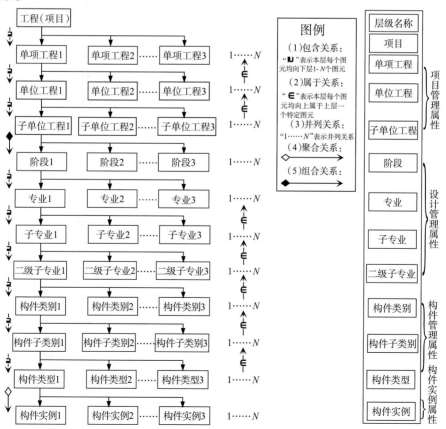

图 2-1　BIM 模型分层结构树示意图

注:①特殊情况下,单位工程可根据工程复杂程度拆分为多个子单位工程,若单位工程不进行拆分,子单位工程即为单位工程本身;②当子专业涵盖范围较大或较复杂时,可将子专业再细分为若干二级子专业,若子专业不进行拆分,二级子专业即为子专业本身。

在 BIM 模型分层结构树示意图的基础上,编制鄂州花湖机场工程 BIM 模型分层结构示意图(图 2-2,图 2-3),这两个图是对鄂州花湖机场工程各层级内容的一个整体示意,包括各层级对应的内容列举(其中各层级内容均可根据后期项目调整进行相应变化)。

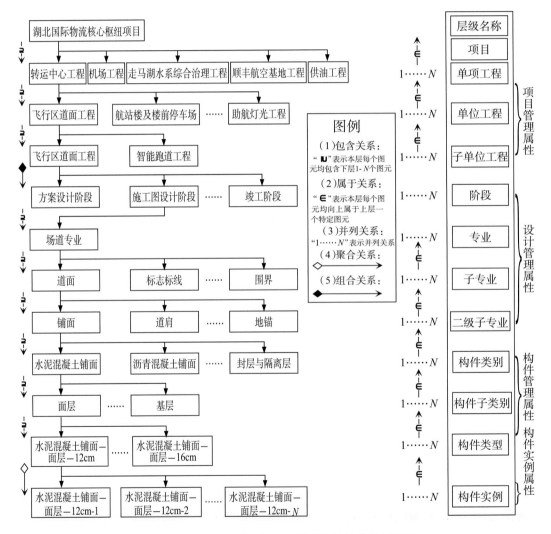

图 2-2 飞行区场道工程 BIM 模型分层结构树示意图

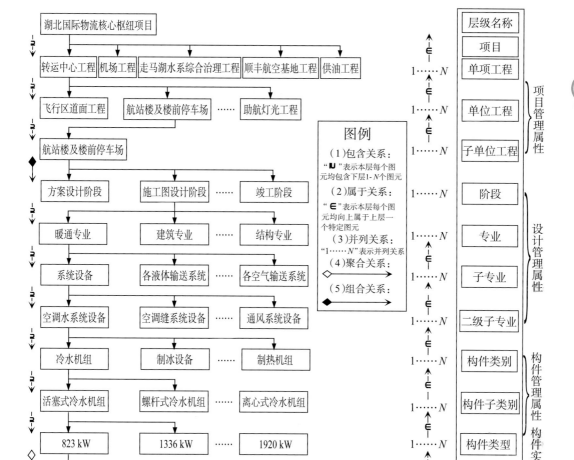

图 2-3 航站楼及楼前停车场 BIM 模型分层结构树示意图

2.1.2 BIM 模型结构实例

可通过 BIM 模型分层结构示意图,理解 BIM 模型结构各层级属性字段对应工程中的各项内容。模型结构示例如图 2-4 所示。

项目管理属性	设计管理属性	构件管理属性	构件实例属性
项目、单项工程、单位工程、子单位工程	阶段、专业、子专业、二级子专业	构件类别、构件子类别、构件类型	构件实例

图 2-4 模型结构示例图

（1）项目管理属性

①工程（项目）

本工程（项目）为：湖北国际物流核心枢纽项目。

②单项工程

湖北国际物流核心枢纽项目各单项工程分类如图 2-5 所示。

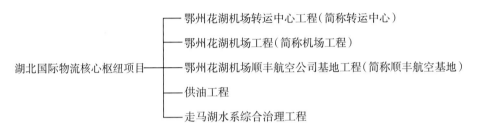

图 2-5　湖北国际物流核心枢纽项目各单项工程示例图

③单位工程

鄂州花湖机场工程各单位工程分类如图 2-6 所示。

图 2-6　鄂州花湖机场工程各单位工程示例图

④子单位工程

助航灯光工程各子单位工程分类如图 2-7 所示。

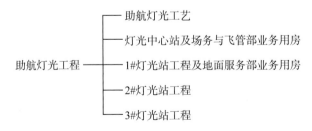

图 2-7　助航灯光工程各子单位工程示例图

（2）设计管理属性

①阶段

建设工程阶段划分如图 2-8 所示。

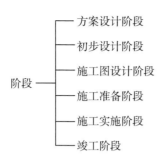

图 2-8　建设工程阶段示例图

工程设计阶段主要包括方案设计阶段、初步设计阶段、施工图设计阶段，工程施工阶段主要包括施工准备阶段、施工实施阶段和竣工阶段。

②专业

不同子单位工程包含不同专业，不同阶段涉及不同专业。鄂州花湖机场工程专业划分见表 2-1。

表 2-1　专业划分表

序号	专业	说明
1	总图	停车场、构筑物及附属设施模型
2	建筑	各层建筑、轴网定位和二次结构模型
3	结构	各层结构、后浇带、基础及垫层模型
4	给排水	各层给水系统、排水系统、中水系统、循环水系统和消防系统的设备、管路、支吊架模型
5	暖通	各层供暖系统、通风系统、防排烟系统、空气调节系统、燃气系统、除尘与有害气体净化系统、热力系统和压缩空气系统的设备、管路、支吊架模型
6	电气	各层供配电系统、照明系统、防雷与接地系统和消防报警系统的设备、桥架、支吊架、管路、电缆模型
7	智能化	各层信息设施系统、公共安全系统、机房工程、电子设备系统、楼宇自控系统、电子设备系统和智能跑道的设备、桥架、支吊架、管路模型
8	内装	各层室内装修模型
9	幕墙	幕墙嵌板、支撑体系及附属模型
10	景观	园林建设和绿化模型
11	标识	室内标识、室外标识和道路标识模型
12	设备工艺	旅客及行李设备、安防设备、物流及分拣设备模型
13	地质	地表、地质模型
14	岩土	地基处理、边坡(基坑)、土石方、监测系统、围堰、便道、便桥模型
15	场道	地势、道面、标志标线、围界、排水模型
16	助航灯光	助航灯具、助航设备、机坪设备、FOD(Foreign Object Debris)设备、电缆模型

续表 2-1

序号	专业	说明
17	航管	通信、航管设备、SDH(Synchronous Digital Hierarchy)环网、气象、天气雷达、场监雷达、多点定位系统、VHF(Very High Frequency)系统、二次雷达、仪表着陆系统、DVOR/DME(Doppler Very High Frequency Omnirange/Distance Measuring Equipment)系统、驱鸟设施、长江航道监测系统和跑道外来物探测系统模型
18	道路	道路、挡墙模型
19	桥梁	桥梁主体结构及附属结构模型
20	交通	交通信号灯、监控、通电通信、电警及其他安全设施模型
21	市政给水	市政给水设备、管道、管件、管路附件、沟槽填筑及附属模型
22	市政排水	市政排水设备、管道、管件、管路附件、箱涵、沟槽填筑及附属模型
23	市政供冷供热	市政供冷供热设备、管道、管件、管路附件、沟槽填筑及附属模型
24	市政电气	市政电气管道、电缆、包封、工作井及附件模型
25	市政照明	路灯、管道及附属模型
26	仪表自控	仪表自控设备、桥架、管线及配件模型
27	市政通信	市政通信管井、包封、管道及沟槽填筑模型
28	市政燃气	市政燃气设备、管道、管件、管路附件、沟槽填筑及附属模型
29	市政环境卫生	市政环境卫生设备、车辆、附属及排水管道、管件模型

本项目中各专业下的各层级结构内容,包括专业、子专业、二级子专业、构件类别、构件子类别、构件类型,各专业具体内容详见附录 B。

③子专业

建筑专业各子专业分类如图 2-9 所示。

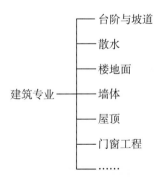

建筑专业
— 台阶与坡道
— 散水
— 楼地面
— 墙体
— 屋顶
— 门窗工程
— ……

图 2-9　建筑专业各子专业示例图

④二级子专业

若子专业涵盖范围较大或较复杂时,可根据需要划分二级子专业,如图 2-10 所示。

如果子专业层级下未再细分二级子专业,二级子专业与子专业名称一致。

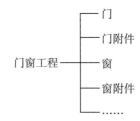

图 2-10　门窗工程二级子专业示例图

(3)构件管理属性

①构件类别

门的构件类别如图 2-11 所示。

图 2-11　门的构件类别示例图

②构件子类别

普通门的构件子类别如图 2-12 所示。

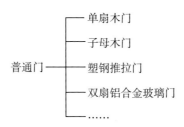

图 2-12　普通门的构件子类别示例图

③构件类型

单扇木门的构件类型如图 2-13 所示。

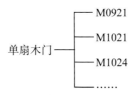

图 2-13　单扇木门的构件类型示例图

（4）构件实例属性

同一种构件类型可以在建筑信息模型中多处派生建筑工程构件实物，每一个派生实物即是该构件类型的一个实例。

单扇木门-M1021 的构件实例如图 2-14 所示。

图 2-14　单扇木门-M1021 的构件实例示例图

2.2　分类编码方法

2.2.1　分类编码的目的与对象

在机场工程项目中，为赋予 BIM 模型构件唯一的识别码，需对 BIM 模型构件进行编码，以实现工程全生命周期信息的交换与共享，推动基于 BIM 的进度管理、质量验评和计量支付等应用。

本工程中分类和编码的对象为鄂州花湖机场工程建筑信息模型中的 BIM 模型构件。

2.2.2　分类编码的方法

本书采用面分法和线分法混合的分类法对 BIM 模型构件进行分类。

机场工程模型构件编码由项目管理属性代码组、设计管理属性代码组、构件管理属性代码组、构件实例属性代码组四个代码组构成。

（1）"项目管理属性代码组"由工程（项目）代码、单项工程代码、单位工程代码、子单位工程代码顺次组成，每个代码均采用 2 位数字表示；

（2）"设计管理属性代码组"由阶段代码、专业代码、子专业代码、二级子专业代码顺次组成，每个代码均采用 2 位数字表示；

（3）"构件管理属性代码组"由构件类别代码、构件子类别代码、构件类型代码顺次组成，其中构件类别代码采用 2 位数字表示，构件子类别代码、构件类型代码采用 4 位数字表示；

（4）"构件实例属性代码组"由构件实例代码组成，采用 6 位数字表示，当 6 位数字不能满足要求时，可扩展到 7 位数字。

其中专业代码、子专业代码、二级子专业代码、构件类别代码、构件子类别代码、构件类型代码组成构件的分类编码。

不同组代码之间用半角下划线"_"连接,同一组代码中,相邻层级代码之间用英文字符"."隔开,机场工程模型构件编码结构如图 2-15 所示。

项目管理属性代码组	设计管理属性代码组	构件管理属性代码组	构件实例属性代码组
工程(项目)代码、单项工程代码、单位工程代码、子单位工程代码	阶段代码、专业代码、子专业代码、二级子专业代码	构件类别代码、构件子类别代码、构件类型代码	构件实例代码

图 2-15　模型构件编码结构

模型构件编码实例见表 2-2。

表 2-2　模型构件编码示例

组别	项目管理属性				设计管理属性				构件管理属性			构件实例属性
代码类别	工程	单项工程	单位工程	子单位工程	阶段	专业	子专业	二级子专业	构件类别	构件子类别	构件类型	构件实例
代码位数	2	2	2	2	2	2	2	2	2	4	4	6
代码范围	01—99	01—99	01—99	01—99	01—99	01—99	01—99	01—99	01—99	0001—9999	0001—9999	000001—999999
代码示意	01	02	04	03	03	02	06	01	01	0001	0001	000001
编码示例	01.02.04.03_03.02.06.01_01.0001.0001_000001											
示例说明	湖北国际物流核心枢纽项目.鄂州花湖机场工程.助航灯光工程.1#灯光站工程及地面服务部业务用房_施工图设计阶段.建筑.门窗工程.门_普通门.单扇木门.M0921_1											

注:根据后续需求,构件实例代码位数不满足时,可升级到 7 位。

2.3　机场工程编码

2.3.1　项目属性编码

(1)项目代码

本书只涉及"湖北国际物流核心枢纽项目",项目代码使用 2 个字符表示,为"01"。

(2)单项工程代码

"湖北国际物流核心枢纽项目"中的单项工程使用 2 个字符表示。各单项工程代码见表 2-3。

表 2-3 单项工程代码表

单项工程	代码
鄂州花湖机场转运中心工程	01
鄂州花湖机场工程	02
鄂州花湖机场顺丰航空公司基地工程	03
供油工程	04
走马湖水系综合治理工程	05

（3）单位工程代码

单位工程代码代表不同单项工程中的不同单位工程，使用 2 个字符表示，其中"鄂州花湖机场工程"的单位工程代码见表 2-4。

表 2-4 鄂州花湖机场工程单位工程及子单位工程代码表

单位工程	单位工程代码	子单位工程	子单位工程代码
全场地基处理及土石方工程	01	全场地基处理工程	01
		全场土石方工程	02
飞行区道面工程	02	飞行区道面工程	01
		智能跑道工程	02
飞行区排水工程	03	飞行区排水工程	01
助航灯光工程	04	助航灯光工艺	01
		灯光中心站及场务与飞管部业务用房	02
		1#灯光站工程及地面服务部业务用房	03
		2#灯光站工程	04
		3#灯光站工程	05
站坪照明工程	05	站坪照明工程	01
飞行区供电工程	06	飞行区供电工程	01
飞行区通信工程	07	飞行区通信工程	01
飞机地面空调工程	08	飞机地面空调工程	01
飞行区附属设施工程	09	防吹篱工程	01
		安保岗亭工程	02
		1#通道口工程	03
		2#通道口工程	04
		3#通道口工程	05
		4#通道口工程	06
		5#通道口工程	07

续表 2-4

单位工程	单位工程代码	子单位工程	子单位工程代码
飞行区附属设施工程	09	6#通道口工程	08
		鸟情观测站	09
生产辅助设施工程	10	场务维修用房	01
		地服特种车棚	02
		1#场务特种车库及场务与飞管部业务用房	03
		2#场务特种车库	04
		飞管、地服用房及1#变电站	05
		飞管、地服用房及2#变电站	06
		飞管、地服用房及3#变电站	07
		安检业务用房及4#变电站	08
		飞管、地服用房及5#变电站	09
		除冰液加注站工程	10
		公安业务用房	11
		海关综合业务用房	12
		出入境检验检疫局综合业务用房	13
消防救援工程	11	消防管线	01
		消防泵房	02
		消防主站	03
		1#消防执勤点	04
		2#消防执勤点	05
		3#消防执勤点	06
		训练塔	07
飞行区综合小区工程	12	1#综合小区室外工程	01
		2#综合小区室外工程	02
		3#综合小区室外工程	03
		4#综合小区室外工程	04
转运中心室外雨污水工程	13	转运中心室外雨污水工程	01
特种设备工程	14	特种车辆	01
		驱鸟设施	02
总图工程	15	总图工程	01
塔台及裙房工程	16	塔台及裙房工程	01
航管工程	17	航管工程	01

续表 2-4

单位工程	单位工程代码	子单位工程	子单位工程代码
SDH 环网工程	18	SDH 环网工程	01
气象工程	19	气象工程	01
天气雷达站工程	20	天气雷达站工程	01
场监雷达及多点定位系统工程	21	东场监雷达站	01
		西场监雷达站	02
		多点定位系统工程	03
甚高频遥控台工程	22	甚高频遥控台工程	01
花湖二次雷达站工程	23	花湖二次雷达站工程	01
仪表着陆系统工程	24	主降方向仪表着陆系统工程	01
		次降方向仪表着陆系统工程	02
场外 DVOR&DME 导航台工程	25	天山 DVOR&DME 导航台	01
		回龙山 DVOR&DME 导航台	02
		茶山 DVOR&DME 导航台	03
航站区、工作区、货运区总图工程	26	航站区、工作区、货运区总图工程	01
航站楼及楼前停车场	27	航站楼及楼前停车场	01
货站及快件中心	28	货站及快件中心	01
市政道路工程	29	市政道路工程	01
		污水泵站工程	02
综合管廊工程	30	综合管廊工程	01
中心 110 kV 变电站工程	31	中心 110 kV 变电站工程	01
1#能源站工程	32	1#能源站工程	01
垃圾收集站工程	33	垃圾收集站工程	01
给水泵站工程	34	给水泵站工程	01
10 kV 配电工程	35	南区 10 kV 开闭站	01
		北区 10 kV 开闭站	02
机场综合业务楼	36	机场综合业务楼	01
员工宿舍	37	员工宿舍	01
机场特运库	38	机场特运库	01
充电桩工程	39	1 号充电区域	01
		2 号充电区域	02
		3 号充电区域	03
		4 号充电区域	04

单位工程	单位工程代码	子单位工程	子单位工程代码
充电桩工程	39	5 号充电区域	05
		6 号充电区域	06
		7 号充电区域	07
		8 号充电区域	08
		9 号充电区域	09
		10 号充电区域	10
长江监测系统	40	长江监测系统	01
跑道外来物探测系统工程	41	跑道外来物探测系统工程	01
业主临建	90	综合办公楼	01
		宿舍	02
		数字化展厅	03
		餐厅	04
		室外工程	05
		临水临电	06

注:根据后续需求,单位工程和子单位工程名称可迭代更新。

（4）子单位工程代码

子单位工程代码代表不同单位工程中的不同子单位工程,使用 2 个字符表示,其中"鄂州花湖机场工程"的子单位工程代码见表 2-4。

（5）阶段代码

阶段代码(表 2-5)代表建设工程的各个阶段,使用 2 个字符表示。

表 2-5　阶段代码表

阶段	代码
方案设计	01
初步设计	02
施工图设计	03
施工准备	04
施工实施	04
竣工	04

2.3.2　专业属性编码

（1）专业代码

专业代码（见表 2-6）代表建设工程的各个专业，使用 2 个字符表示。

表 2-6　专业代码表

专业	代码	专业	代码
总图	01	助航灯光	16
建筑	02	航管	17
结构	03	道路	18
给排水	04	桥梁	19
暖通	05	交通	20
电气	06	市政给水	21
智能化	07	市政排水	22
内装	08	市政供冷供热	23
幕墙	09	市政电气	24
景观	10	市政照明	25
标识	11	仪表自控	26
设备工艺	12	市政通信	27
地质	13	市政燃气	28
岩土	14	市政环境卫生	29
场道	15		

（2）子专业代码

子专业代码代表不同专业中的子专业，同时也可以表示不同系统中的子系统，使用 2 个字符表示，详见附录 B。

（3）二级子专业代码

二级子专业代码代表不同子专业中的二级子专业，使用 2 个字符表示，详见附录 B。若子专业不进行拆分，二级子专业即为子专业本身，代码值为 01。

2.3.3　构件属性编码

（1）构件类别代码

构件类别代码代表不同的构件类别，使用 2 个字符表示，详见附录 B。应用方应根据项目实际情况进行构件类别的增减。

（2）构件子类别代码

构件子类别代码代表不同构件类别中的构件子类别，使用 4 个字符表示，详见附录

B。应用方应根据项目实际情况进行构件子类别的增减。

（3）构件类型代码

构件类型代码代表不同构件子类别中的构件类型,使用 4 个字符表示,详见附录 B。应用方应根据项目实际情况进行构件类型的增减。

（4）构件实例代码

构件实例代码代表不同构件类型中的构件实例的顺序,无特定赋值原则,可依据构件生成的先后顺序定义,使用 6 个字符表示,字符位数不能满足要求时可升级到 7 位,以保证每个构件实例代码在相应的构件类型层级内唯一。

2.4　编码生成与维护

（1）编码生成

建筑信息模型中模型构件的分类和编码应先建立完善的构件分类编码数据库,针对相应 BIM 软件开发构件编码软件,借助信息化的手段进行自动编码、编码审核以及编码查询等。

扩展模型结构分类和编码时,书中已规定的类目和编码应保持不变,包括已规定的工程、单项工程、单位工程、子单位工程、阶段、专业、子专业、二级子专业、构件类别、构件子类别、构件类型等。

（2）编码维护

应用方应根据项目中的设计要求及实际情况,进行各专业模型结构层级的调整与完善,提交 BIM 咨询顾问方等关联方审核,形成统一的模型结构分类编码表。

通过项目管理平台数据库模块进行编码的管理与维护,属性信息表入库时将进行校验,属性信息表中的各专业模型结构层级与之前已规定的层级相同时,将根据已规定的各层级编码进行赋值;新增的结构层级,将根据添加或上传至数据库的顺序在已有的层级编码基础上按顺序继续编码,保证各层级代码在相应的上属结构层级下唯一。最终通过数据库形成统一的模型结构分类编码表,实现对本项目中入库的所有构件进行编码管理。

模型结构各层级的代码如有调整,需统一调整,各关联方应配合进行各层级代码的调整,以保证模型构件编码的整体协调性。分类和编码扩展应基于现有模型结构分类框架进行扩展。

3 BIM 资源创建与管理标准

3.1 BIM 资源创建

本项目 BIM 资源主要来源各 BIM 实施关联方,包含 BIM 实施过程中的主流设备供应商(如机电设备制造商、分拣设备制造商等)提供的设备构件资源、多专业的参数化构件资源、BIM 标准模块资源、BIM 模型和应用成果资源以及相关的数据和支持文档等。

3.1.1 一般规定

BIM 资源命名要求详见本书第 6 章,BIM 资源精度要求详见本书第 4 章。

根据 BIM 标准化软件平台所支持的文件格式,使每个 BIM 资源文件至少包括一种核心文件格式。核心文件格式是指 BIM 软件的原生数据格式,如 Revit 族文件 rfa 格式;辅助文件格式是指 BIM 软件可直接或间接导出的不同用途的数据格式,包括 Navisworks 的 nwd 格式、国际通用的 ifc 格式、Navigator 的 imodel 格式等。核心文件和辅助文件的格式详见本书第 7 章。

对于资源文件,一般可将其定义为应用最广泛的一种或几种 BIM 软件格式文件,其软件及版本详见本书第 5 章。例如:BIM 建模软件选用 Autodesk Revit 2018 版,则对应的族库文件版本为 Revit 2018 版,族文件格式为 .rfa。

在将 BIM 资源归档入库时,应按规定的版本格式将文件存储在协同管理平台指定的文件夹目录中。BIM 资源检索应同时支持关键词、分类编码两种检索方式。资源文件应包含并同时满足上述两种检索方式所需的关键词信息、分类编码信息,或至少具备后期由使用者录入分类编码检索信息的预留空间。

在样板文件中,依据专业、用途的不同,应添加所需要的常用构件,并规范构件的命名和精度。

3.1.2 构件创建

构件是 BIM 资源的重要部分,是组成项目模型的最基本元素,其信息数据包含尺寸、规格、性能参数等关键属性项。构件的创建流程如图 3-1 所示。

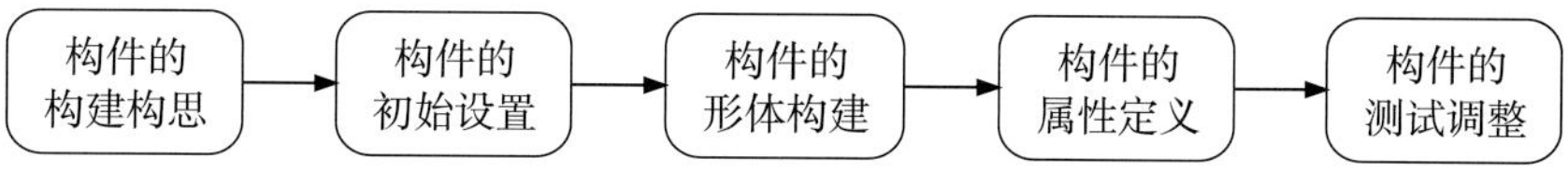

构件的
构建构思 → 构件的
初始设置 → 构件的
形体构建 → 构件的
属性定义 → 构件的
测试调整

图 3-1 构件创建流程

（1）构件的创建构思

在构件创建之前，需针对构件的命名、分类、精度进行标准化定义，并对构件进行分解，便于后期的几何形体创建。

（2）构件的初始设置

不同类别的构件，应依据其类别和在模型中的放置方式，选择合适的样板文件。样板中已设置参照基准、放置条件参数和预置相关联的族文件。例如，门窗族样板中，已设置基本长（高）尺寸、参照平面、注释符号和相关联的基本墙族等。

（3）构件的形体构建

按照构件的几何外形，创建其几何形体，并保证几何形体之间的关联关系。应遵循从下至上、从左至右建模的原则。如果构件几何外形过于复杂，造成构件文件过大，则需进行构件的分解，通过组合或者嵌套的方式进行拼装应用。

不同类别构件的建模方式须满足附录 B：BIM 模型构件信息表和《鄂州机场计量计价规则》的要求。

（4）构件的属性定义

根据构件的应用需求，定义族的几何信息和属性信息。构件的属性定义应满足各个阶段 BIM 模型应用需求，如标签、注释、工程量统计、使用寿命、厂家信息等。

（5）构件的测试调整

构件测试分为构件编辑器中的测试与项目文件中的测试两类。主要测试以下几方面：

①外形和规格是否与设计相符；

②参数命名是否符合需求，是否符合标准规范的要求；

③参数参变的测试，以确保族文件在实际项目中具备稳定的参变性能；

④连接件的正确性测试；

⑤视图可见性测试；

⑥测试项目环境中，加载族文件、模拟族文件在项目中的调用过程；

⑦参数能否被程序正确提取和计算。

依据测试结果，进行构件的调整，直到满足规范要求和应用需求为止。

3.1.3　样板文件创建

BIM 样板包括视图样板、已载入的族、已定义的设置(如单位、填充样式、线样式、线宽、视图比例等)和几何图形,基于样板的新项目均继承来自样板的所有族、设置(如单位、填充样式、线样式、线宽和视图比例)以及几何图形。

BIM 项目样板设定了统一的设计标准,为项目设计提供初始状态,从而减少重复操作。规范中标准的样板使得关联方以相同的标准进行模型搭建、出图等,可便于项目的管理。

项目样板由基本元素组成,包括项目基准、项目信息和项目参数、预置族、视图样板、明细表设置和模型显示设置等。项目样板除创建单专业样板外,还需创建机电综合样板。

(1)项目基准

实现建筑、结构、机电等各专业间三维协同的工作基础和前提条件是所有 BIM 设计模型均采用统一的基准体系。项目基准体系包括单位、轴网、高程、模型原点、建筑方向等。

①单位

项目中所有模型均应使用统一的单位与度量制(表 3-1)。长度默认的单位为毫米(mm),标高单位采用米(m)。可根据建模的需要,设置项目单位及小数位。

表 3-1　项目单位表

名称	单位	小数点位数
长度	mm	0 个小数位
面积	m²	3 个小数位
体积	m³	3 个小数位
角度	°	2 个小数位
坡度	/(用坡比表示)	2 个小数位
温度	℃	2 个小数位
货币	¥	2 个小数位
质量密度	kg/m³	3 个小数位

②轴网

定义所有 BIM 数据模型统一的坐标系。建筑、结构、机电等各专业采用同一套轴网。

③高程(标高)

房屋建筑中的结构标高会比建筑标高低,所以结构标高采用自己的一套标高,其余专业采用建筑标高;岩土工程信息模型的大地基准和高程基准应与勘察报告一致,并符合现行相关专业标准的要求,当使用自定义坐标系时,应提供相应的转换参数和说明。

④模型原点

无论使用何种 BIM 软件来建模,都必须保证模型原点与本工程的 PH 原点重合。

⑤建筑方向

BIM 样板中,应保证正北方向与本工程 H 轴方向一致。为方便建模,当建筑物非正北方向时,应保持正交方向建模(正交方向即为建筑轴网的水平方向和垂直方向),再通过项目北和正北定义与本工程 H 轴方向的差异。

（2）项目信息和项目参数

项目的系统参数具有唯一性,应在做项目样板时统一,如"项目地点"、"位置"、"坐标"等项目参数,定义时宜采用"共享参数"。对于用户自定义的"共享参数"和"项目参数",各专业应在项目开始前统一规划,确保参数名称不得重名,一旦项目开始就不宜再修改参数属性。对于用户自定义的参数,各 BIM 专业负责人应统一规划、管理。"共享参数"文件应存放在独立的文件夹下,由专门的负责人统一管理。"共享参数"的添加、修改应由该负责人执行并发布。

（3）预置族

预置族是模型搭建前在项目样板中添加的最基本的构件族。在 BIM 样板文件中,应依据专业、用途的不同,添加所需要的常用标准构件族、注释类族、图框图签等。预置族命名和精度应满足相应标准的要求,便于项目的快速开展和统一建模标准。

（4）视图样板

视图样板是带有一系列视图属性的模板。视图是模型剖切后的产物,模型中所有的构件在剖切处都予以显示。为满足设计显示规则,需要对视图的比例、规程、详细程度、可见性、过滤器、链接文件和工作集等内容进行设置,并作为模板存储起来。

视图样板分为平面、立面、剖面和三维四种,一种视图使用对应种类的视图样板,同一种视图,按视图的不同显示比例需要创建多个视图样板。

根据建筑、结构、机电等专业规程,确定每类视图的显示方式,并设定作为参考标准的视图样板,以保证创建项目的规范性,并实现施工图的一致性。

（5）明细表设置

明细表是构件属性信息输出的主要方式,以数据条目的方式反映模型单元所承载的可供输出的信息,是模型单元信息移交的良好方式。

明细表应采用统一的数据模板,并对关键属性字段进行排序、过滤。模型所有构件按 Revit 类别、构件类别来进行设置,单独创建明细表视图,便于数据的分类、检索、校核。

①明细表视图名称

明细表视图命名规则:【专业代码】-【Revit 类别】-[构件类别]-明细表

明细表视图命名示例:S-结构框架-混凝土梁明细表。

②明细表属性

明细表的表头字段应满足模型传递应用需求，按附录 D.2 的属性字段要求进行输出，并按照固定的顺序排列，如身份属性、设计属性、定位属性、计量属性。明细表样例见表 3-2 至表 3-5。

表 3-2　明细表身份属性字段（样例）

组别	身份属性			
字段	构件编码	构件类别	族	类型
示例	01.01.01.01_03.03.04.01_01.0001.0061_000055	钢梁	H 型钢	钢梁_H 型钢_1200×450×22×28

表 3-3　明细表设计属性字段（样例）

组别	设计属性							
字段	b	h	t_f	t_w	构件类别	耐火等级	耐火极限	……
示例	450	1200	28	22	热轧型钢_Q390	一级	2.5h	……

表 3-4　明细表定位属性字段（样例）

组别	定位属性		
字段	参照标高	Z 轴偏移	……
示例	2F	0	……

表 3-5　明细表计量属性字段（样例）

计量属性			
长度	体积	合计	……
9.100	0.458	1	……

明细表的表头字段按过滤筛选进行设置，可通过"构件类别"设置筛选条件，把同构件类别的筛选出来，进行单独明细表显示。

明细表的表头字段按成组排序进行设置，排序方式按"类型"（表示 Revit 族类型）进行"升序"排列，再勾选"总计"和"逐项列举每个实例"。

明细表的格式设置、内容格式、单位及有效位数应统一。"长度"、"面积"、"体积"等计量属性，单位统一设置为"m"、"m²"、"m³"，保留三位有效数字。

（6）模型显示设置

为有效提高 BIM 模型识别效率，在 BIM 样板的过滤器中，应针对各系统的管线指定显示设置标准，具体见附录 C。其他构件颜色和材质设置应与实际一致。

3.2 BIM 资源管理

BIM 资源是 BIM 模型创建的重要基础,包括 Revit 的族、Bentley 的模板、Catia 的元器件等。BIM 资源应存储在 BIM 资源库中进行统一管理。BIM 资源库是指在 BIM 实施过程中开发、积累并经过加工处理,所形成的可重复利用资源的管理平台。BIM 资源库管理流程如图 3-2 所示。

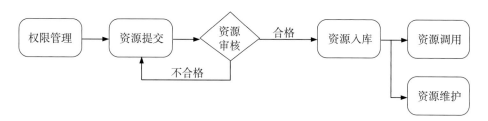

图 3-2 资源库管理流程图

(1)权限管理

BIM 资源库中的资源是企业重要的技术资源和知识资源,因此,必须对资源库采取有效的保护措施。通常应按照不同角色、不同专业对构件的使用需求,设置不同的访问权限。在项目管理平台中可设置不同用户的构件编辑、上传、审核、检索、下载等操作权限。例如:设计方人员可查看并下载设计相关的构件和成果文件,但对施工成果就仅有查看权限。

(2)资源提交

由资源提交方(设计方或施工方)依据甲方资源库的管理约束条件,提交符合资源标准要求的资源文件,并按照资源分类要求做好分类整理之后,提交给指定的审核人。

(3)资源审核

由指定审核人接收 BIM 资源后,按照资源库的管理约束条件对资源进行审核,如果审核结果为不合格,则提出修改意见,反馈给资源提交方修改后重新提交。

(4)资源入库

经审核人审核,将确认的合格资源提交给资源库管理员,由资源库管理员上传至项目管理平台,入库保存和共享。例如:新增族库防火门,审核通过后,由管理员上传到平台指定的族库文件夹。

(5)资源调用

BIM 实施关联方可以依据各自的权限,从 BIM 资源库中调用 BIM 实施过程所需的相关资源,以提高 BIM 模型创建的效率和标准化水平。

（6）资源维护

为保证库内资源文件的准确性与时效性，应指定专门的 BIM 资源库管理人员。一般 BIM 实施人员只拥有读取权限，不能擅自对资源库中的资源进行添加及更改。BIM 资源库的创建、更新和维护只能由资源库管理员完成。

为了防止资源库中数据损坏，管理员应对资源库做日常备份。另外，随着资源库中资源的不断扩容，库中文件的版本不统一、数据冗余等问题也将暴露出来。因此，管理员还应定期升级库中文件的版本，删除不再适用的废弃文件。

BIM 资源库中资源描述部分由创建方进行维护。资源名称、属性项和属性值参照模型管理、精度标准、交付标准的相关规定，资源分类编码参照分类编码标准的相关规定。

如新增资源不在分类编码范围之内，需由应用方在完成资源创建后发起审核流程，经监理、造价咨询和 BIM 咨询审核通过后入库。

4 BIM 模型精度标准

4.1 基本规定

（1）模型构件单元应以几何信息和属性信息描述工程对象的设计和施工信息，可使用二维图形、文字、文档、多媒体等方式补充和增强表达信息。

（2）建筑信息模型应根据BIM应用相关专业和任务的需要创建，其模型构件单元和模型精度应满足各阶段的项目和应用需求。

（3）建筑信息模型宜采用分工协作方式按专业或任务分别创建，应采用全比例尺和统一的坐标系、原点和度量单位。

（4）在模型转换和传递过程中，应保证模型的完整性，不应使信息丢失或失真。

（5）BIM实施覆盖所有项目建设阶段，包括方案设计阶段、初步设计阶段、施工图设计阶段、施工准备阶段、施工实施阶段、竣工阶段等。

（6）BIM模型覆盖相应阶段图纸的全部内容，本书中遗漏的构件几何信息和属性信息，应根据相应图纸内容和需要进行建模。

4.2 模型精度

（1）模型精度的设置

建筑信息模型精度的设置主要包含下列内容：

①模型构件单元几何信息及几何表达精度；

②模型构件单元属性信息及信息深度。

（2）模型几何表达精度

模型构件单元的几何信息应符合下列规定：

①建筑信息模型中模型构件单元的几何信息表达应包含空间定位、空间占位和几何表达精度；

②应选取适宜的几何表达精度来呈现模型构件单元的几何信息；

③在满足设计深度和应用需求的前提下，应选取较低等级的几何表达精度；

④不同的模型构件单元可选取不同的几何表达精度；

⑤模型构件单元几何表达精度应符合模型几何信息精度表(详见附录D.1)的规定；

⑥几何表达精度的等级划分应符合表4-1的规定。

表 4-1　几何表达精度的等级划分

等级	几何表达精度要求	代号
1 级几何表达精度	满足二维化或者符号化识别需求的几何表达精度	G1
2 级几何表达精度	满足空间占位、主要颜色等粗略识别需求的几何表达精度	G2
3 级几何表达精度	满足建造安装流程、采购等精细识别需求的几何表达精度	G3
4 级几何表达精度	满足高精度渲染展示、产品管理、制造加工准备等高精度识别需求的几何表达精度	G4

（3）模型信息深度

模型构件单元的属性信息应符合下列规定：

①应选取适宜的信息深度体现模型构件单元属性信息。

②属性应包括中文字段名称、编码、数据类型、数据格式、计量单位、值域、约束条件等。交付表达时，宜至少包括中文字段名称、计量单位。

③属性值应根据建设阶段的发展而逐步完善，并应符合下列规定：应符合唯一性原则，即属性值和属性应一一对应，在单个应用场景中属性值应唯一；应符合一致性原则，即同一类型的属性、格式和精度应一致。

④属性应分类设置，属性分类应符合模型属性信息深度表(详见附录D.2)的要求，表中未列出的属性可自定义。

⑤模型构件单元信息深度等级的划分应符合表4-2的规定。

表 4-2　信息深度等级的划分

等级	等级要求	代号
1 级信息深度	宜包含模型构件单元的身份描述、尺寸等信息	N1
2 级信息深度	宜包含和补充 N1 等级信息，增加定位信息、系统信息、功能信息和模型构件信息	N2
3 级信息深度	宜包含和补充 N2 等级信息，增加技术信息、模型结构分类编码信息	N3
4 级信息深度	宜包含和补充 N3 等级信息，增加生产和安装信息	N4

（4）模型精度等级

BIM 模型按阶段可划分为方案设计模型、初步设计模型、施工图设计模型、深化设计模型、施工过程模型和竣工模型，其等级代号应符合表4-3的规定。模型阶段介于基本等级之间时，可扩充等级的划分。

模型精度等级所包含的模型构件单元及其几何和属性信息应满足本阶段各项专业

任务对模型的需要。模型精度应符合附录 D 的规定。

表 4-3　模型精度等级划分

阶段模型	等级代号	几何精度等级	信息深度等级	形成阶段
方案设计模型	LOD100	G1	N1	方案设计阶段
初步设计模型	LOD200	G2	N2	初步设计阶段
施工图设计模型	LOD300	G3	N3	施工图设计阶段
深化设计模型	LOD350	G4	N4	施工准备阶段
施工过程模型	LOD400	G4	N4	施工实施阶段
竣工模型	LOD500	G4	N4	竣工阶段

注:规划阶段模型精度等级按 LOD100 执行。

4.3　模型交付深度

建筑信息模型的交付应包括设计建造阶段的交付和面向应用的交付。交付协同过程中,应根据项目建设阶段要求和应用需求选取模型交付深度。

(1)建设阶段的模型交付深度

在 BIM 实施过程中,项目建设阶段的模型交付深度应与模型精度等级相对应,即满足模型精度设置的要求。建设阶段交付的模型精度宜符合下列规定:

①方案设计阶段模型精度等级不宜低于 LOD100;

②初步设计阶段模型精度等级不宜低于 LOD200;

③施工图设计阶段模型精度等级不宜低于 LOD300;

④施工准备阶段模型精度等级不宜低于 LOD350;

⑤施工实施阶段模型精度等级不宜低于 LOD400;

⑥竣工阶段的模型精度等级不宜低于 LOD500;

⑦常见模型构件单元交付深度应符合附录 D 的规定,附录 D 中未列出的模型构件单元交付深度可根据实际应用情况由 BIM 咨询顾问进行补充。

(2)面向应用的模型交付深度

面向应用的模型交付深度应满足应用方的应用需求,在选取模型交付深度时,应明确以下内容:

①项目的近期与远期应用点;

②应用方应依据应用需求明确提出所需的信息;

③确保信息提供方可以交付应用方所需的信息;

④为完成应用点所具备的信息与需补充的信息。

5 BIM 数据交换与软件选用标准

5.1 BIM 数据交换原则

为保证 BIM 模型在机场工程全生命周期内相关任务间无缝流转，需保证所有 BIM 实施关联方中各专业、各阶段的建模及应用数据格式统一。本项目中使用的所有软件须按照统一的数据传递标准完成数据调用及流转，并且 BIM 软件应具有相应的专业功能和数据互用功能，同时应符合下列原则：

（1）满足专业或任务要求；

（2）符合机场工程建设标准及其强制性条文；

（3）支持专业功能定制开发；

（4）支持开放的数据交换标准；

（5）实现与 BIM 实施相关软件的数据交换；

（6）支持数据互用功能的定制开发；

（7）实现数据不丢失。

5.2 BIM 数据交换

BIM 实施关联方在进行 BIM 数据交换时，须遵从以下规定：

（1）所有的数据交换都应基于项目管理平台进行，确保交换过程中的数据安全及数据完整；

（2）当受条件限制须利用移动设备或网络进行数据存储与交换时，应对 BIM 数据进行加密；

（3）交换双方在数据交换前应确认对方身份；

（4）交换双方可对交换数据进行数据校验，以确保接收的 BIM 数据真实、完整、可读，防止数据丢失及被篡改；

（5）BIM 数据交换完成后，当交换的 BIM 数据发生变化时，BIM 数据提供方应及时将变化后的 BIM 数据提供给接收方。

5.3　BIM 软件选用原则

本节涉及的 BIM 软件为以建筑信息模型应用为目的,具有信息交换和共享能力,已经有一定应用范围和市场影响力,在机场工程 BIM 实施关联方有一定应用基础的 BIM 软件。同时,本节涉及的软件综合考虑了鄂州花湖机场工程全生命期的 BIM 模型和应用。

考虑机场工程特点,选择 BIM 相关软件时主要遵循以下几点:

(1)综合考虑机场工程的长期发展目标、BIM 整体实施步骤和方法,以及项目近期 BIM 实施的需求;

(2)BIM 软件须遵循共同的数据交换标准,在机场工程全生命期内可实现数据/模型/应用等不同层面的交换和互操作;

(3)数据格式标准且能兼容,成果可整合互用;

(4)市场占有率靠前,用户基础好;

(5)软件操作简便,用户界面人性化;

(6)考虑到同一款 BIM 软件不同版本可能存在数据流转问题,所以在项目前期对于特定的软件(如 Revit 等)必须明确本项目所使用的软件版本;

(7)应为市场上技术成熟、采购服务供应充分且供应商生命周期长的软件。

5.4　BIM 软件选用

5.4.1　建模软件

建模软件的选择应满足机场工程各专业建模、出图、专业间协同设计及模型整合的需要,同时满足质量验评和计量支付的需要,建模软件宜从表 5-1 中选择。

表 5-1　BIM 建模软件选型表

编号	专业	类型	软件及版本	软件公司名称
1	总图专业	常规建模	Autodesk Infraworks 2018 版	Autodesk 公司
			Autodesk Revit 2018 版	Autodesk 公司
			CATIA R21 版/3DE	Dassault Systemes 公司
			Microstation Connect Edition 版	Bentley 软件公司
			OpenRoads Designer Connect Edition 版	Bentley 软件公司
2	地形	常规建模	AutoCAD Civil 3D 2018 版	Autodesk 公司
			SKUA-GOCAD17	Paradigm 公司

续表 5-1

编号	专业	类型	软件及版本	软件公司名称
2	地形	常规建模	BM_GeoModelerS2019	深圳市秉睦科技有限公司
			OpenRoads Designer Connect Edition 版	Bentley 软件公司
3	地质、岩土	常规建模	SKUA-GOCAD17	Paradigm 公司
			ItasCAD V3.5	依泰斯卡公司
			BM_GeoModelerS2019	深圳市秉睦科技有限公司
			OpenRoads Designer Connect Edition 版	Bentley 软件公司
4	场道	常规建模	OpenRoads Designer Connect Edition 版	Bentley 软件公司
			CATIA R21 版/3DE	Dassault Systemes 公司
5	助航灯光	常规建模	Microstation Connect Edition 版	Bentley 软件公司
6	建筑与装修专业	常规建模	Autodesk Revit 2018 版	Autodesk 公司
			Microstation Connect Edition 版	Bentley 软件公司
			OpenBuilding Designer Connect Edition 版	Bentley 软件公司
7	结构专业	常规建模	Autodesk Revit 2018 版	Autodesk 公司
			Microstation Connect Edition 版	Bentley 软件公司
			OpenBuilding Designer Connect Edition 版	Bentley 软件公司
		钢筋建模	ProStructure Connect Edition 版	Bentley 软件公司
			Autodesk Revit 2018 版	Autodesk 公司
			晨曦	福建晨曦信息科技集团股份有限公司
		钢结构建模	Tekla Structure 2018 版	Trimble 公司
8	幕墙专业	常规建模	CATIA R21 版/3DE	Dassault Systemes 公司
			Autodesk Revit 2018 版	Autodesk 公司
			Rhino 6.0 版	McNeel 公司
9	给排水、电气	常规建模	Autodesk Revit 2018 版	Autodesk 公司
			Microstation Connect Edition 版	Bentley 软件公司
			OpenBuilding Designer Connect Edition 版	Bentley 软件公司
			Rebro2019	株式会社 NYK 系统研究所
10	暖通	常规建模	Autodesk Revit 2018 版	Autodesk 公司
			OpenBuilding Designer Connect Edition 版	Bentley 软件公司
			Rebro2019	株式会社 NYK 系统研究所
			EP3D Easy Plant V1.0 版	北京高佳科技有限公司

编号	专业	类型	软件及版本	软件公司名称
11	市政专业	常规建模	Autodesk Revit 2018 版	Autodesk 公司
			CATIA R21 版/3DE	Dassault Systemes 公司
			Microstation Connect Edition 版	Bentley 软件公司
			ProStructure Connect Edition 版	Bentley 软件公司
			OpenBuilding Designer Connect Edition 版	Bentley 软件公司
			OpenRoads Designer Connect Edition 版	Bentley 软件公司
12	工业管线	常规建模	OpenPlant Connect Edition 版	Bentley 软件公司
			Autodesk Revit 2018 版	Autodesk 公司
13	道桥及道面工程	常规建模	AutoCAD Civil 3D 2018 版	Autodesk 公司
			Autodesk Revit 2018 版	Autodesk 公司
			CATIA R21 版/3DE	Dassault Systemes 公司
			Microstation Connect Edition 版	Bentley 软件公司
			ProStructure Connect Edition 版	Bentley 软件公司
			OpenBridge Modeler Connect Edition 版	Bentley 软件公司
			OpenRoads Designer Connect Edition 版	Bentley 软件公司
14	综合管廊	常规建模	Autodesk Revit 2018 版	Autodesk 公司
			CATIA R21 版/3DE	Dassault Systemes 公司
			Microstation Connect Edition 版	Bentley 软件公司
			ProStructure Connect Edition 版	Bentley 软件公司
			OpenRoads Designer Connect Edition 版	Bentley 软件公司

注:软件选用产品及版本依据市场实际情况和项目变化可调整。

5.4.2　应用软件

应用软件的选择应能满足 7.2.3 节"BIM 应用验收"的需要,同时对于应用三维模型进行分析计算的应用软件,应能与建模软件实现接口的贯通,导入建模软件创建的模型。相关软件宜从表 5-2 中选择。

表 5-2　BIM 应用软件选型表

编号	应用阶段	基本应用点	软件及版本	软件公司名称
1	策划与规划阶段	概念模型展示与建设条件分析	Autodesk Navisworks 2018 版	Autodesk 公司
2			SketchUp 2018 版	Trimble 公司
3			Navigator Connect Edition 版	Bentley 软件公司

续表 5-2

编号	应用阶段	基本应用点	软件及版本	软件公司名称
4		场地分析	AutoCAD Civil 3D 2018 版	Autodesk 公司
5			PowerCivil V8i 版	Bentley 软件公司
6		排水分析	AutoCAD Civil 3D 2018 版	Autodesk 公司
7			PowerCivil V8i 版	Bentley 软件公司
8		土方开挖分析	AutoCAD Civil 3D 2018 版	Autodesk 公司
9			PowerCivil V8i 版	Bentley 软件公司
10		室外风环境分析	Phoenics 2009 版	Cham 公司
11			Fluent 17.0 版	ANSYS 公司
12			Autodesk Ecotect Analysis 2011 版	Autodesk 公司
13			Autodesk CFD 2017 版	Autodesk 公司
14		室外热环境分析	Phoenics 2009 版	Cham 公司
15			Fluent 17.0 版	ANSYS 公司
16			Autodesk Ecotect Analysis 2011 版	Autodesk 公司
17	方案设计阶段	日照分析	斯维尔日照分析 THS-Sun 2016 版	深圳市斯维尔科技有限公司
18			Autodesk Ecotect Analysis 2011 版	Autodesk 公司
19		室外声环境分析	Cadna/A 4.5 版	Datakustik 公司
20		交通分析	Pathfinder 2017 版	Thunderhead 公司
21			TransCAD 6 版	CALIPER 公司
22			Autodesk Infraworks 2018 版	Autodesk 公司
23		形体分析	Autodesk Revit 2018 版	Autodesk 公司
24			SketchUp 2018 版	Trimble 公司
25			Rhino 6.0 版	McNeel 公司
26		虚拟仿真漫游	Autodesk Navisworks 2018 版	Autodesk 公司
27			Fuzor2020 版	Kalloc Studios 公司
28			Lumion 10 版	Autodesk 公司
29			LumenRT Connect Edition 版	Bentley 软件公司
30			Navigator Connect Edition 版	Bentley 软件公司
31		设计方案比选	Autodesk Revit 2018 版	Autodesk 公司
32			OpenBuilding Designer Connect Edition 版	Bentley 软件公司
33		室内温度分析	Phoenics 2009 版	Cham 公司
34	初步设计阶段		Fluent 17.0 版	ANSYS 公司
35			Autodesk Ecotect Analysis 2011 版	Autodesk 公司

续表 5-2

编号	应用阶段	基本应用点	软件及版本	软件公司名称
36		室内气流组织分析	Phoenics 2009 版	Cham 公司
37			Fluent 17.0 版	ANSYS 公司
38			Autodesk Ecotect Analysis 2011 版	Autodesk 公司
39			Autodesk CFD2017 版	Autodesk 公司
40		室外声环境分析	Cadna/A 4.5 版	Datakustik 公司
41		建筑热工和能耗分析	斯维尔节能设计 THS-Becs 2016 版	深圳市斯维尔科技有限公司
42			Autodesk Ecotect Analysis 2011 版	Autodesk 公司
43			DeST 3.0 版	清华大学
44		火灾模拟和人员疏散分析	Pathfinder 2017 版	Thunderhead 公司
45			PyroSim 2018 版	美国标准技术研究院（NIST）
46			FDS 6.5.2 版	美国标准技术研究院（NIST）
47			TransCAD 6 版	CALIPER 公司
48	初步设计阶段		Massmotion v9.0 版	奥雅纳工程咨询公司
49		客流仿真分析	Pathfinder 2017 版	Thunderhead 公司
50			TransCAD 6 版	CALIPER 公司
51			Massmotion v9.0 版	奥雅纳工程咨询公司
52		雨水系统分析	CATIA R21 版	Dassault Systemes 公司
53			Rhino 6.0 版	McNeel 公司
54		结构分析	构力 PKPM-BIM	构力科技公司
55			YJKS1.8（2018 年 6 月版本）	盈建科公司
56		明细表应用	Autodesk Revit 2018 版	Autodesk 公司
57			OpenBuilding Designer Connect Edition 版	Bentley 软件公司
58		碰撞检查和管线综合	Autodesk Revit 2018 版	Autodesk 公司
59			Autodesk Navisworks 2018 版	Autodesk 公司
60			OpenBuilding Designer Connect Edition 版	Bentley 软件公司
61		净高优化	Autodesk Navisworks 2018 版	Autodesk 公司
62			Navigator Connect Edition 版	Bentley 软件公司
63		工艺方案模拟与设计方案优化	Autodesk Revit 2018 版	Autodesk 公司
64			OpenBuilding Designer Connect Edition 版	Bentley 软件公司
65			Fuzor2020 版	Kalloc Studios 公司

续表 5-2

编号	应用阶段	基本应用点	软件及版本	软件公司名称
66	施工图设计阶段	标识系统可视化分析	Autodesk Revit 2018 版	Autodesk 公司
67			OpenRoads Designer Connect Edition 版	Bentley 软件公司
68			OpenBuilding Designer Connect Edition 版	Bentley 软件公司
69		碰撞检查和管线综合	Autodesk Navisworks 2018 版	Autodesk 公司
70			Navigator Connect Edition 版	Bentley 软件公司
71			OpenBuilding Designer Connect Edition 版	Bentley 软件公司
72			MagiCAD for Revit	广联达科技股份有限公司
73		净高优化	Autodesk Revit 2018 版	Autodesk 公司
74			OpenBuilding Designer Connect Edition 版	Bentley 软件公司
75		精装设计协调	Autodesk Revit 2018 版	Autodesk 公司
76			OpenBuilding Designer Connect Edition 版	Bentley 软件公司
77		建筑性能分析-照明分析	Autodesk Ecotect Analysis 2011 版	Autodesk 公司
78			DIAlux evo 7.0 版	DIAL GmbH 公司
79	施工准备阶段	三维模型设计交底	Autodesk Revit 2018 版	Autodesk 公司
80			OpenRoads Designer Connect Edition 版	Bentley 软件公司
81			OpenBuilding Designer Connect Edition 版	Bentley 软件公司
82		钢结构深化设计	Tekla Structure 2018 版	Trimble 公司
83		机电管线深化设计	Autodesk Revit 2018 版	Autodesk 公司
84			OpenBuilding Designer Connect Edition 版	Bentley 软件公司
85			博超电缆敷设软件	北京博超时代软件有限公司
86			Rebro2019	株式会社 NYK 系统研究所
87		幕墙深化设计	CATIA R21 版	Dassault Systemes 公司
88			Rhino 6.0 版	McNeel 公司
89		4D 施工模拟	Autodesk Navisworks 2018 版	Autodesk 公司
90			Navigator Connect Edition 版	Bentley 软件公司
91			Fuzor 2020 版	Kalloc Studios 公司
92		施工方案模拟	Autodesk Navisworks 2018 版	Autodesk 公司
93			Navigator Connect Edition 版	Bentley 软件公司
94		施工场地规划	Autodesk Navisworks 2018 版	Autodesk 公司
95		构件预制加工管理	Autodesk Revit 2018 版	Autodesk 公司
96			ProStructure	Bentley 软件公司
97			Tekla Structure 2018 版	Trimble 公司

注:软件选用产品及版本可依据市场和项目实际情况作调整。

6 BIM 模型与文件管理标准

6.1 模型拆分

模型拆分时采用的方法，应考虑所有相关 BIM 应用团队的需求。避免在早期创建孤立的单用户文件，然后随着模型的规模不断增大或设计团队成员不断增多，被动进行模型拆分的做法。

为有效地开展 BIM 协同实施，对于机场工程这样的大型工程，其 BIM 模型需要按照表 6-1 所示的模型拆分与管理规则进行拆分、建模和整合。

表 6-1　模型拆分与管理规则表

序号	专业	模型拆分原则
1	建筑	（1）依据项目拆分;（2）依据工程拆分; （3）依据楼层拆分;（4）依据施工缝拆分; （5）依据建筑构件拆分
2	结构	（1）依据项目拆分;（2）依据工程拆分; （3）依据楼层拆分;（4）依据施工缝拆分; （5）依据建筑构件拆分;（6）参照建筑拆分
3	机电	（1）依据项目拆分;（2）依据工程拆分; （3）依据楼层拆分;（4）依据施工缝拆分; （5）依据工作要求拆分;（6）依据系统/子系统拆分; （7）参照建筑拆分
4	幕墙	（1）依据建筑楼体划分进行拆分;（2）依据幕墙系统类型进行拆分; （3）依据单独楼层进行拆分;（4）依据幕墙安装区域和批次进行拆分; （5）依据模型构件材料进行拆分

注:此表仅给出了主要专业的模型拆分,其他专业需参照此原则并结合项目实际情况进行模型拆分。

例如:岩土专业拆分规则为:①对于大型勘察项目,模型拆分时采用的方法应考虑所有相关 BIM 应用团队的需求,以确保岩土工程信息模型能实现有效的操作和管理;②对于线状工程,岩土工程信息模型宜按照工点进行模型拆分;③对于点状工程,可按照场地分区进行模型拆分,大型勘察项目也可在整体模型建立后进行拆分;④拆分后的模型应保持相对的独立和完整,其范围应包含周围边坡、基坑及其影响范围内的建(构)筑物、管线等,且不影响分析和计算。

（1）按单项工程拆分：湖北国际物流核心枢纽项目分为机场工程、转运中心工程、顺丰航空基地工程、供油工程和走马湖水系综合治理工程等单项工程。

（2）按单位工程/子单位工程拆分：机场工程分为全场地基处理与土石方工程、飞行区场道工程、航站楼及楼前停车场以及市政道路工程等单位工程。

（3）按专业拆分：子单位工程应按专业进行拆分；各专业可按子专业或系统继续拆分，如给排水专业可以分为给水、排水、消防、喷淋等子专业模型；同时考虑到管线综合的需要，深化设计阶段机电管线可不按专业进行拆分。

（4）按标段拆分：根据招标文件，按标段拆分模型。

（5）按区域拆分：单位工程可按区域进行划分，如转运中心工程划分为指廊（L）、翼楼（W）、主楼（A），而翼楼（W）又再次拆分为机组休息区、走马石景观区、航材库及其他四部分。

（6）按物理位置拆分：建筑、结构专业模型按照楼层、施工缝拆分为单体模型，其他专业根据建筑、结构的划分方式进行拆分，保证单体模型的完整性；若分完之后模型面积超过 10000 m²，则须考虑进一步拆分，幕墙、照明、景观等不宜按层划分的专业除外。

（7）按施工分包拆分：根据不同施工分包的作业面，对分包区域单独划分，明确各分包的作业及交叉作业。

（8）按工作要求拆分：根据特定工作需要拆分模型，如考虑机电管线综合，将专业中的末端点位单独建立模型文件，与主要管线分开。

6.2 模型整合

6.2.1 模型整合原则

（1）统一基准

整合模型的单位、轴网、高程、定位应满足 3.1.3 节的要求。同时，对于子单位工程、单位工程、标段、单项工程和整个项目的模型整合，则要求模型的项目原点（项目基点）应与 PH 坐标原点一致，模型的标高（高程）应与实际高程一致。

（2）颜色设置

建筑信息模型的表达应充分考虑电子化交付和彩色表达方式，以充分发挥 BIM 的优势和特点。地质、岩土、建筑和结构专业涉及的种类和材料搭配比较复杂，同时在设计阶段中，担负着更多的设计表达用途，如设计效果展示等，如果对其颜色加以规定，反而会增加设计人员的负担。所以并未规定其颜色设置，各构件使用系统默认的颜色进行绘制，地质层的颜色可依据专业内的相关要求设置。建模过程中，发现问题的构件使用红色进行标记。但设备系统的颜色设置较为简单,且依据系统区分颜色,可以有效提高识别效率,因此,常会对其颜色加以规定。另外,考虑到消防系统较为重要,也是设计及审查环节的关键,因此对消防系统单独进行颜色规定,以有利于信息模型在运维和管理方面的应用。

一般情况下,建筑工程的消防设计和审查,以及后期的管理都非常重要,因此当某个模型单元同时属于消防系统以及其他系统时,则优先采用消防系统的颜色,以保障消防系统的完整性。

给排水、暖通空调、电气、智能化等系统参照模型色彩表进行颜色设置,具体要求见附录 C。其他专业颜色设置应优先考虑实际材质情况,同时要求色彩搭配美观、真实。

6.2.2 模型整合应用

模型整合主要是把拆分后的模型合成为整体,整合方式主要有基于 BIM 设计建模软件的模型整合或基于项目管理平台(CMP 平台/轻量化平台)的模型整合。

(1)基于 BIM 设计建模软件的模型整合

BIM 设计建模软件整合,是在 BIM 设计建模软件中,把各专业拆分后的模型或各专业总体模型整合到一个模型中。

模型整合取决于创建的拆分模型建模软件及文件格式。当采用同一建模软件创建的 BIM 拆分模型,且满足建模整合规则,可直接在建模软件进行模型整合。当采用不同 BIM 设计软件创建的模型,通过数据接口插件,转存为主模型格式文件,且满足 BIM 数据交换原则;或保存为国际通用的 IFC 标准数据格式,规范 BIM 的数据信息存储与交换,通过预定义的类型、属性、方法及规则来描述建筑对象及其属性、行为特征,最终实现不同 BIM 软件间模型的转化整合。

对整合后的模型进行校核,检查各专业搭建的模型是否错漏等,并对模型进行调整。调整过程中,根据设计内容的重要性,在保证各专业设计意图的前提下,实现各专业优化设计。

按楼层进行拆分的模型,除应按专业进行整合外,还应按楼层进行整合,将建筑、结构、水、暖、电、智能化等专业模型整合到一个楼层。

(2)基于轻量化平台的模型整合

把各专业拆分后的模型或各专业总装模型转换成平台能够读取的数据格式,且满足 BIM 数据交换原则,按照统一基准,整合到一个模型。对整合后的轻量化模型,可进行模型综合会审和展示等应用。

6.3 文件夹管理

BIM 文件分为知识管理文件、项目管理文件和共享文件三大类，所有文件按其类别进行分类、存储和管理，项目管理平台文件夹目录结构如图 6-1 所示，设计管理系统文件夹目录结构如图 6-2 所示。

（1）知识管理文件分为技术标准、管理规范和资源库等，其中技术标准和管理规范是各参与方都需要遵守的。

（2）项目管理文件可包含多个项目文件，其中湖北国际物流核心枢纽项目按单项工程分为转运中心工程、机场工程、顺丰航空基地工程和供油工程等。

机场工程文件包括总体文件、前期资料、设计文件、施工文件、竣工文件、运维文件和归档文件等。其中，设计文件分为设计标准文件、地基地质勘察资料、走马湖 EPC1 标设计文件、走马湖 EPC2 标设计文件、机场工程设计 1 标设计文件、机场工程设计 2 标设计文件、机场工程设计 3 标设计文件和机场工程设计 4 标设计文件。

每个设计标段下的文件又分为设计范围、招投标文件、合同管理文件、设计管理文件和设计交付文件。其中，设计交付文件按阶段可分为方案设计文件、初步设计文件和施工图设计文件。

每个阶段的设计文件可分为资源库、模型文件、图纸文件、应用文件和发布文件。其中，模型文件和图纸文件按单位工程及其子单位工程进行存储。

在机场工程 BIM 正向实施过程中，通过项目管理平台服务器对文件、参与方、账号信息等进行统一管理。文件夹可按参与方工作内容范围，设定不同权限，分为只读和可编辑等。当文件夹目录结构、参与方、工作任务发生变化时，须及时调整权限。各参与方须管理权限范围内的文件，并在规定的时间节点内，按照本书的命名规则提交成果文件，并储存在相应的文件夹目录中。

图 6-1　项目管理平台文件夹目录结构图

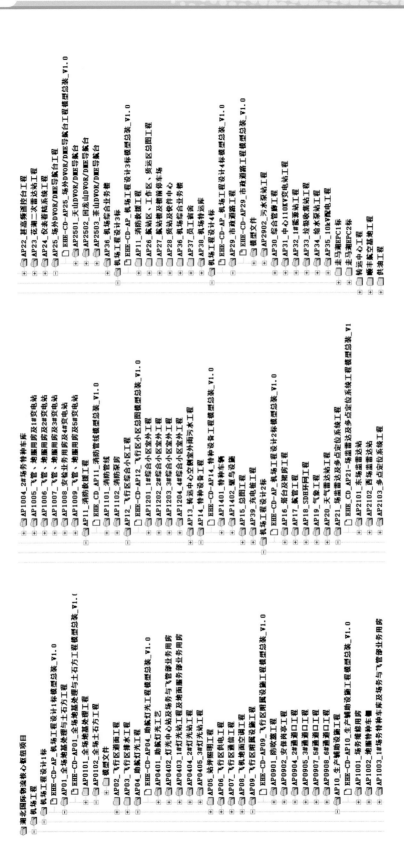

图 6-2　设计管理系统文件夹目录结构图

6.4 文件命名

BIM文件命名规则与建模规则、项目数据管理、协同工作流程和最终交付成果等密切相关,统一、规范的命名规则,将极大地提高工作效率和成果质量。

(1)文件命名应使用简明的词组,便于人们识别、项目管理存储和检索。其基本原则如下:

①BIM命名应综合考虑以下各种因素,合理命名。

a.项目、子项、专业、功能区、视图、图纸;

b.文件、类型与实例;

c.不同BIM软件、文件格式、数据管理与共享。

②易于识别、记忆、操作、检索等。

a.分级命名:结合数据管理结构分级命名,避免名称太长;

b.中英文结合:除专业代码、项目编号、构件标记等通用的缩写英文、数字代码外,其他名称可使用中文,方便识别;

c.使用连字符、下划线等:用连字符"-"表示分隔或并列的文件内容,连字符宜用于字段内部;用下划线"_"表示不同层级的文件内容,下划线宜用于字段之间。

③同一项目中,不同BIM实施关联方表达相同工程对象的模型单元命名应具有一致性。

④本书命名中,"【 】"表示必选项,"[ ]"表示可选项。

(2)按上一节文件分类,机场工程的文件类型主要为知识管理文件(含标准规范文件、资源库文件等)、项目管理文件(含模型文件、图纸文件、应用文件和管理文件等)和共享文件。为了便于文件管理,对文件类型及子类应进行统一编号。考虑文件排序和后续更新,文件类型代码由两个英文单词首字母简称组成,文件子类代码由一级子类代码和二级子类代码组成,一级子类代码和二级子类代码均由01~99之间的两位阿拉伯数字组成,其命名规则及示例见表6-2。

表 6-2　文件命名规则及示例

文件类型及子类			命名规则	命名示例
标准(规范)文件	技术文件		文件编号_文件名称_文件版本 文件代码为:文件类型及子类代码/工程(项目)代码-单项工程代码	JS-BIM-101/EHE-AP_BIM 模型结构及编码标准_V1.0
	管理文件			
资源库文件	族	系统族	软件自带	基本墙
		非系统族	构件名称 构件名称为:【构件子类别】或【构件子类别】+编号	变截面 H 型钢
	族类型/构件名称	土建	【构件类别】【构件子类别】【构件类型】	桩_钻孔灌注桩_800
		机电	【构件子类别】【构件类型】	冷热水供水系统_无缝钢管-焊接
	样板文件		专业/多专业代码_软件名称及版本_描述_版本	MEP_Revit2018_综合业务楼_V1.0
	材质		材质对象_材质属性	瓷砖_象牙白、现浇混凝土_C30
模型文件			模型代码_模型名称_模型版本 ①单体模型代码为:工程(项目)代码-阶段代码-单项工程、单位工程及子单位工程代码-专业代码-拆分单元; ②子单位工程总装模型代码为:工程(项目)代码-阶段代码-单项工程、单位工程及子单位工程代码; ③单位工程总装模型代码为:工程(项目)代码-阶段代码-单项工程、单位工程代码; ④标段或机场工程总装模型代码为:工程(项目)代码-阶段代码-单项工程代码	EHE-CD-AP2701-A-F1_航站楼首层建筑_V1.0 EHE-CD-AP2701_航站楼工程模型总装_V1.0 EHE-CD-AP04_助航灯光工程模型总装_V1.0 EHE-CD-AP_机场工程设计 3 标模型总装_V1.0 EHE-CD-AP_机场工程模型总装_V1.0
图纸文件			模型代码_图纸名称_[描述]	EHE-CD-AP2701-A-F1_航站楼首层建筑平面图_V1.0
应用文件	分析模型文件		参照 BIM 模型文件命名	EHE-AP2701-A_1#楼梯首层入口
	其他应用文件		文件代码_文件名称 文件代码为:单项工程、单位工程及子单位工程代码-文件类型及子类代码	AP2701-AF03_室内自然通风模拟分析报告
管理文件	前期文件		文件代码_文件名称 文件代码为:单项工程、单位工程及子单位工程代码-文件类型及子类代码-[文件编号]	AP2701-PM07_关于桩基子分部工程进度滞后的处理通知
	采购文件			
	项目管理文件			
	竣工文件			

6.4.1   标准(规范)文件命名规则

标准(规范)文件主要为服务于机场工程BIM正向实施过程中制定的各项技术标准文件、管理规范性文件、需求文件等。

(1)命名规则

【文件编号】【文件名称】【文件版本 】。

①文件编号组成

【工程(项目)代码】-【单项工程代码】【文件类型代码】【子类代码】(【文件编号】作为文件名的一部分时,符号"/"用"-"代替)

其中:

【工程(项目)代码】:在立项时,工程(项目)设定唯一代码,如湖北国际物流核心枢纽项目,代码为 EHE;

【单项工程代码】:详见本书表 6-11 单项工程代码表,机场工程代码为 AP;

【文件类型代码】:文件类型代码由大写字母组成,如 T 表示 BIM 技术标准,详见表 6-3;

【子类代码】:子类代码由 "BIM-"加上三位阿拉伯数字组成,详见表 6-3,如BIM-101 表示 BIM 模型结构及编码标准。

表 6-3   标准规范文件类型及子类代码

文件类型	文件类型代码	子类	子类代码
技术标准	T	BIM 模型结构及编码标准	BIM-101
		BIM 资源创建与管理标准	BIM-102
		BIM 模型精度标准	BIM-103
		BIM 数据交换软件选用标准	BIM-104
		BIM 模型与文件管理标准	BIM-105
		BIM 成果验收与交付标准	BIM-106
管理规范	M	BIM 实施政策法规和技术标准基础	BIM-101
		BIM 实施关联方协同管理制度	BIM-102
		BIM 实施流程	BIM-103
		BIM 实施进度管理	BIM-104
		BIM 实施质量管理	BIM-105
		BIM 协同配置管理规范	BIM-106
总体规划	G	EHE可行性研究及总体规划解读-BIM需求分析报告	BIM-101
		大型工程 BIM 成功实施案例分析报告	BIM-102

续表 6-3

文件类型	文件类型代码	子类	子类代码
总体规划	G	EHE-BIM 实施约束文件	BIM-103
		EHE-BIM 实施(建模及应用)清单	BIM-104
		EHE-BIM 应用(价值)点设置清单	BIM-105
		EHE-BIM 实施风险管理策略	BIM-106
		EHE-BIM 实施关联方采购策略	BIM-107
		EHE-BIM 实施造价估算	BIM-108
		EHE-BIM 实施成本应用	BIM-109
		EHE-BIM 实施总路线图	BIM-110
		EHE-BIM 实施可行性研究报告	BIM-111
		EHE-BIM 实施关联方准入标准	BIM-112
		EHE-BIM 实施关联方采购准备文件	BIM-113
		EHE-BIM 实施协同管理平台系统设计规格书(SDS)	BIM-114
		EHE-BIM 实施细则模板	BIM-115
实施细则	R	转运中心工程 BIM 实施细则	BIM-101
		机场工程 BIM 实施细则	BIM-102
		顺丰航空基地工程 BIM 实施细则	BIM-103
		供油工程 BIM 实施细则	BIM-104

注:依据项目实际情况,文件类型及子类代码逐步更新。

②文件名称

用中文简明描述,方便使用者辨识。

③文件版本

用来描述模型文件版本变化情况,代码为 V1.0,V2.0,……。

(2)命名示例

EHE-AP-T BIM-101_BIM 模型结构及编码标准_V1.0。

其中:

【文件编号】为 EHE-AP/T BIM-101,表示湖北国际物流核心枢纽项目 BIM 模型结构及编码标准;

【文件名称】为 BIM 模型结构及编码标准;

【文件版本】为 V1.0。

6.4.2　资源库文件命名规则

资源库是 BIM 实施过程中,开发、积累并经过加工处理形成的可重复利用的资源。资源库文件主要包括构件族、样板文件、材质等。

（1）构件族命名规则

构件是 BIM 设计的重要资源,其名称是设计师快速检索、调用适合于本项目设计要求构件族文件的重要识别标识。构件族应根据项目、工程对象特征命名。由于 BIM 建模软件较多,构件族命名方式不同,现以 BIM 常用软件 Revit 命名为例进行说明,其他软件按其参照示例进行命名,或参照相关标准命名。

Revit 族命名包括族命名和族类型(构件)命名两部分,因涉及不同专业构件而有所区别。系统族命名不可改变;载入族命名基本与构件子类别名称一致,当构件样式不同而不能通过参数驱动时,载入族命名规则为:【构件子类别】+编号。总图、建筑、结构、内装、幕墙、景观、标识、设备工艺、地质、岩土、场道、道路、桥梁和交通专业的族类型名称/构件名称命名规则为:【构件类别】【构件子类别】【构件类型】,给排水、暖通、电气、智能化、助航灯光、航管、市政给水、市政排水、市政供冷供热、市政电气、市政照明、仪表自控、市政通信、市政燃气和市政环境卫生专业的族类型名称/构件名称命名规则为:【构件子类别】【构件类型】。主要专业构件族与族类型命名规则见表 6-4 至表 6-7。

①建筑专业

建筑专业的主要构件族命名按照表 6-4 中规则建立。

表 6-4　建筑专业主要 BIM 构件族命名原则及示例

类别	族命名		族类型(构件)命名	
	命名原则	示例	命名原则	示例
墙	/	/	【构件类别】【构件子类别】【构件类型】	基墙_加气混凝土砌块墙_200
楼、地面	/	/	【构件类别】【构件子类别】【构件类型】	地面_细石混凝土地面_地 1
屋面	/	/	【构件类别】【构件子类别】【构件类型】	上人屋面_地砖面层屋面_屋面 1
天花板	/	/	【构件类别】【构件子类别】【构件类型】	吊顶_冲孔金属板吊顶_顶 1
门	【构件子类别】	单扇木门	【构件类别】【构件子类别】【构件类型】	普通门_单扇木门_M0921
窗	【构件子类别】	双扇铝合金推拉窗	【构件类别】【构件子类别】【构件类型】	普通窗_双扇铝合金推拉窗_C1521
栏杆扶手	/	/	【构件类别】【构件子类别】【构件类型】	栏杆扶手_锌钢栏杆_1100

注:表中"/"为软件内置的系统族,按软件默认命名,下同。

②结构专业

结构专业的主要构件族命名按照表 6-5 中规则建立。

表 6-5 结构专业主要 BIM 构件族命名原则及示例

类别	族命名		族类型（构件）命名	
	命名原则	示例	命名原则	示例
筏板基础	/	/	【构件类别】【构件子类别】【构件类型】	基础底板_筏板_500-C40
独立基础	【构件子类别】[编号]	阶形基础	【构件类别】【构件子类别】【构件类型】	独立基础_阶形基础_DJ1-500/500
桩	【构件子类别】	钻孔灌注桩	【构件类别】【构件子类别】【构件类型】	桩_钻孔灌注桩_800
桩承台	/	/	【构件类别】【构件子类别】【构件类型】	承台_一桩承台_CT1a-600
墙	/	/	【构件类别】【构件子类别】【构件类型】	墙_地下室外墙_200-C40
柱	【构件子类别】	矩形柱	【构件类别】【构件子类别】【构件类型】	柱_矩形柱_500×500
梁	【构件子类别】	变截面 H 型钢	【构件类别】【构件子类别】【构件类型】	钢梁_变截面 H 型钢_600/400×250×18×20
板	/	/	【构件类别】【构件子类别】【构件类型】	板_普通板_120-C30

③暖通专业

暖通专业的主要构件族命名按照表 6-6 中规则建立。

表 6-6 暖通专业主要 BIM 构件族命名原则及示例

类别	族命名		族类型（构件）命名	
	命名原则	示例	命名原则	示例
通风管道	/	/	【构件子类别】【构件类型】	送风系统_矩形风管-镀锌钢板
风管阀门	【构件子类别】	对开多叶调节阀-圆形	【构件子类别】【构件类型】	对开多叶调节阀-圆形_1
管件	【构件子类别】	矩形三通-T 形-法兰	【构件子类别】【构件类型】	矩形三通-T 形-法兰_镀锌钢板
成品设备件	【构件子类别】	消防排烟风机	【构件子类别】【构件类型】	消防排烟风机_16000m³/h-700Pa-防排烟系统设备
空调水管	/	/	【构件子类别】【构件类型】	冷热水供水系统_无缝钢管-焊接
水管阀门	【构件子类别】	球阀-热熔	【构件子类别】【构件类型】	球阀-热熔_1
供暖器具	【构件子类别】	电暖气	【构件子类别】【构件类型】	电暖气_1000W-供暖系统设备

④给排水专业

给排水专业的主要构件族命名按照表 6-7 中规则建立。

表 6-7 给排水专业主要 BIM 构件族命名原则及示例

类别	族命名		族类型(构件)命名	
	命名原则	示例	命名原则	示例
管道	/	/	【构件子类别】_【构件类型】	生活加压给水系统_PP-R 给水管-热熔
阀门	【构件子类别】	电动球阀-法兰	【构件子类别】_【构件类型】	电动球阀-法兰_1
管件	【构件子类别】	变径三通-螺纹	【构件子类别】_【构件类型】	变径三通-螺纹_薄壁不锈钢管
成品设备件	【构件子类别】	立式离心泵(变频)	【构件子类别】_【构件类型】	立式离心泵(变频)_0.55kW-18m-4m³/h-给水系统设备
其他常规构件	【构件子类别】	全变频恒压供水设备	【构件子类别】_【构件类型】	全变频恒压供水设备_18kW-70m-50m³/h-给水系统设备

⑤电气专业

电气专业的主要构件族命名按照表 6-8 中规则建立。

表 6-8 电气专业主要 BIM 构件族命名原则及示例

类别	族命名		族类型(构件)命名	
	命名原则	示例	命名原则	示例
桥架	/	/	【构件子类别】_【构件类型】	高压配电桥架_梯架式-镀锌
桥架配件	【构件子类别】	槽式-垂直等径上弯通	【构件子类别】_【构件类型】	槽式-垂直等径上弯通_镀锌-高压配电桥架
箱、柜	【构件子类别】	明配电箱	【构件子类别】_【构件类型】	照明配电箱_700×1800×370-低压配电系统(普通电力)
电线(缆)导管	/	/	【构件子类别】_【构件类型】	应急照明线管_JDG 薄壁钢管
其他常规构件	【构件子类别】	防水密闭插座	【构件子类别】_【构件类型】	防水密闭插座_250V16A-普通照明系统

（2）样板文件命名规则

样板文件是 BIM 模型设计标准化、图纸符合制图标准、设计质量控制的重要基础，其定义了项目的初始状态，如项目的单位、材质设置、视图设置、可见性设置、载入的构件族等信息。合适的项目样板是高效协同的基础，可以减少后期在项目中的设置和调整，提高项目设计的效率。因此，各专业应提前制定本专业的样板文件。样板文件命名规则如下：

①命名规则

【专业/多专业代码】【软件名称及版本】_[描述]【版本】。

其中：

【专业/多专业代码】：指样板文件适用的专业范围，如适用于多专业，则多专业代码之间用连字符"&"连接。

【软件名称及版本】：与当前软件名称及版本保持一致。

[描述]：用于进一步说明样板文件特征的描述信息，可自定义。可以是某一类建筑样板，也可以是具体的单位工程项目样板。

【版本】：描述样板文件版本变化情况，代码为 V1.0，V2.0，……。

②命名示例

MEP_Revit2018_综合业务楼_V1.0，表示适合综合业务楼机电一体化设计的 Revit 2018 样板文件，版本为第 1 版。

（3）材质命名规则

模型中所有构件在创建过程中应添加材质信息，并配有相应的材质贴图，材质命名及贴图名称应一一对应。

①命名规则

【材质对象】_【材质属性】。

②材质命名示例见表6-9。

表 6-9　材质命名规则示例表

材质名称	材质类别	材质命名
现浇混凝土	C30	现浇混凝土_C30
预制混凝土	C30	预制混凝土_C30
瓷器	象牙白	瓷器_象牙白
层压板	亚麻	层压板_亚麻
不锈钢	抛光	不锈钢_抛光
玻璃	磨砂	玻璃_磨砂

6.4.3　模型文件命名规则

这里的模型是指BIM正向设计过程中搭建承载建筑信息的实体及其相关属性集合的信息模型，是工程对象的数字化表述。

6.4.3.1 命名规则

【模型代码】【模型名称】【模型版本】。

(1)模型代码组成

①单体模型代码为:【工程(项目)代码】-【阶段代码】-【单项工程、单位工程及子单位工程代码】-【专业代码】-【拆分单元】。

②子单位工程总装模型代码为:【工程(项目)代码】-【阶段代码】-【单项工程、单位工程及子单位工程代码】。

③单位工程总装模型代码为:【工程(项目)代码】-【阶段代码】-【单项工程、单位工程代码】。

④标段或机场工程总装模型代码为:【工程(项目)代码】-【阶段代码】-【单项工程代码】。

其中:

【工程(项目)代码】:在立项时,工程(项目)设定的唯一代码,如湖北国际物流核心枢纽项目,代码为 EHE。

【阶段代码】:具体见表 6-10。

【单项工程、单位工程及子单位工程代码】:由单项工程代码、单位工程代码和子单位工程代码三部分组成,单项工程代码见表 6-11,走马湖水系综合治理工程的单位工程、子单位工程代码见表 6-12。

【专业代码】:专业代码见表 6-13,缺少专业代码时,表示全专业模型;模型文件包含多个专业时,专业代码用"&"连接,如建筑与内装的专业代码为"A&I";超过 3 个专业时,仅取 3 个主要专业的代码。

【拆分单元】:按照拆分原则,子单位工程拆分后最小的单元模型。如楼层、分区、系统等,代码可以为代表地下楼层的 B1……B5、地上楼层的 F1……F10,或由字母数字组成的分区,或 01……99 之间的两位阿拉伯数字。如果是单专业整体建模,则没有该项。拆分单元代码见表 6-14。

表 6-10 阶段代码表

阶段名称(中文)	阶段名称(英文)	阶段代码(中文)	阶段代码(英文)
方案设计	Scheme Design	方案	SD
初步设计	Preliminary Design	初设	PD
施工图设计	Construction Drawing Design	施工图	CD
施工准备	Construction Preparation	施工准备	CP
施工实施	Construction Implementation	施工	CI
竣工	Completion Acceptance	竣工	CA

表 6-11　单项工程代码表

单项工程名称（中文）	单项工程名称（英文）	工程代码（中文）	工程代码（英文）
全单项工程	All Sectional Works	全单项	AL
转运中心工程	Transit Center Engineering	转运	TC
机场工程	Airport Engineering	机场	AP
顺丰航空基地工程	Air Station Engineering	基地	AS
供油工程	Oil Supply Engineering	供油	OS
走马湖水系综合治理工程	Water-system Control	水系	WC

表 6-12　走马湖水系综合治理工程的单位工程、子单位工程代码表

单位工程	单位工程代码	子单位工程	子单位工程代码
走马湖西侧水系综合治理工程	01	走马湖西侧水系综合治理工程	01
走马湖东侧水系综合治理工程	02	走马湖东侧水系综合治理工程	01

表 6-13　专业代码表

专业（中文）	专业（英文）	专业代码（中文）	专业代码（英文）
总图	General	总	G
建筑	Architecture	建	A
结构	Structural Engineering	结	S
给排水	Plumbing Engineering	水	P
暖通	Heating, Ventilation, and Air-Conditioning Engineering	暖	H
电气	Electrical Engineering	电	E
智能化	Telecommunications	通	T
内装	Interior Design	室内	I
幕墙	Curtain Wall	幕墙	CW
景观	Landscape	景	L
标识	Signage Engineering	标识	SE
设备工艺	Equipment Process	工艺	EQ
地质	Geology	地质	GEO
岩土	Geotechnical Engineering	岩土	E
场道	Airfield Engineering	场道	AE
助航灯光	Visual Navigation Aids	助航灯光	V
航管	Air Traffic Control	航管	ATC
道路	Road	道路	R

续表 6-13

专业（中文）	专业（英文）	专业代码（中文）	专业代码（英文）
桥梁	Bridge Engineering	桥梁	BE
交通	Traffic Engineering	交通	TE
市政给水	Water Supply	市政给水	WS
市政排水	Drainage	市政排水	D
市政供冷供热	Heating and Cooling System	供冷供热	HC
市政电气	Electrical Engineering	电气	EE
市政照明	Lighting	照明	LI
仪表自控	Instrument Automatic Control	自控	AC
市政通信	Communication	通信	C
市政燃气	Gas	燃气	GA
市政环境卫生	Environmental Sanitation	环卫	ES

注:①根据后续需求,专业名称代码可迭代更新;②机电包括暖通、电气、给排水,代码为 MEP。

表 6-14 拆分单元代码表

序号	拆分方式	拆分单元	拆分单元代码列举	说明
1	按楼层拆分	楼层（地上）	F+数字（F1）	模型交付时必须按楼层拆分,正常实施时桩模型随最底层进行拆分,当需要将桩基础独立拆分时其代码用试桩和工程桩的拆分代码
2		楼层（地下）	B+数字（B1）	
3		楼层（4~6层）	F+数字+T+数字（F4T6）	
4		屋顶（屋面）	RF	
5		试桩/工程桩	TP/EP	
6	按平面区域拆分	室外工程、室内工程	G/IN	单体建筑的室内外部分（当室内模型按楼层拆分后只需要用-G 将室外部分进行标记,当室内部分未按层拆分时需要增加-IN 的拆分代码）
7		陆侧、空侧（陆侧安防、空侧安防）	L/A（LS/AS）	安防等的空、陆侧拆分
8		南区、北区	SA/NA	道路等南区和北区拆分
9	按功能拆分	景观给排水、景观电气、景观园建、景观绿化	P/E/YJ/LH	仅用于景观模型拆分
10		粗装、精装	C、J	按精装和粗装进行拆分,比如航站楼精装有单独的承包商
11		雨水、污水	RA、SE	市政雨污水
12	标段	场道 1 标、场道 2 标、管廊 1 标、管廊 2 标	CD1/CD2、GL1/GL2、……	主要是设计阶段与施工阶段范围不一致的情况
13		其他	01、02、F1(01)、F1(02)、GL1(01)、GL1(02)、SA(01)、SA(02)	按楼层、标段、区域进一步拆分

注:拆分单元代码中的符号一律用英文符号。

（2）模型名称

用中文简明描述，方便使用者识别。

（3）模型版本

用来描述模型文件版本变化情况，代码为 V1.0，V1.1，……。

6.4.3.2　命名示例

（1）示例 1

EHE-CD-AP2701-A-F1_航站楼及楼前停车场首层建筑_V1.0。

其中：

【模型代码】为 EHE-CD-AP2701-A-F1，表示湖北国际物流核心枢纽项目施工图设计阶段机场工程航站楼及楼前停车场建筑专业首层；

【模型名称】为航站楼及楼前停车场首层建筑；

【模型版本】为第 1 版。

（2）示例 2

EHE-CD-AP2701_航站楼及楼前停车场模型总装_V1.0。

其中：

【模型代码】为 EHE-CD-AP2701，表示湖北国际物流核心枢纽项目施工图设计阶段机场工程航站楼及楼前停车场；

【模型名称】为航站楼及楼前停车场模型总装；

【模型版本】为第 1 版。

（3）示例 3

EHE-CD-AP04_助航灯光工程模型总装_V1.0。

其中：

【模型代码】为 EHE-CD-AP04，表示湖北国际物流核心枢纽项目施工图设计阶段机场工程助航灯光工程；

【模型名称】为助航灯光工程模型总装；

【模型版本】为第 1 版。

（4）示例 4

EHE-CD-AP_机场工程设计 3 标模型总装_V1.0。

其中：

【模型代码】为 EHE-CD-AP，表示湖北国际物流核心枢纽项目施工图设计阶段机场工程；

【模型名称】为机场工程设计 3 标模型总装；

【模型版本】为第 1 版。

（5）示例 5

EHE-CD-AP_机场工程施工图设计阶段模型总装_V1.0。

其中：

【模型代码】为 EHE-CD-AP，表示湖北国际物流核心枢纽项目施工图设计阶段机场工程；

【模型名称】为机场工程施工图设计阶段模型总装；

【模型版本】为第 1 版。

6.4.4 图纸管理命名规则

图纸为 BIM 正向设计时，基于 BIM 视图经添加注释、图框等生成的文件。

6.4.4.1 命名规则

【图纸代码】【图纸名称】_[描述]。

（1）图纸代码组成

①单专业图纸代码为：【工程（项目）代码】【阶段代码】【单项工程、单位工程及子单位工程代码】【专业代码】【拆分单元】；

②子单位工程总图图纸代码为：【工程（项目）代码】【阶段代码】【单项工程、单位工程及子单位工程代码】；

③单位工程总图图纸代码为：【工程（项目）代码】【阶段代码】【单项工程、单位工程代码】；

④标段或机场工程总图图纸代码为：【工程（项目）代码】【阶段代码】【单项工程代码】。

（2）图纸名称

用中文简明描述，方便使用者识别。

（3）描述

为可选项，描述字段可定义，也可省略。

6.4.4.2 命名示例

（1）示例 1

EHE-CD-AP2701-A-F1_航站楼及楼前停车场首层建筑平面图。

其中：

【图纸代码】为 EHE-CD-AP2701-A-F1，表示湖北国际物流核心枢纽项目施工图设计阶段机场工程航站楼及楼前停车场建筑专业首层；

【图纸名称】为航站楼及楼前停车场首层建筑平面图。

（2）示例2

EHE-CD-AP2701_航站楼及楼前停车场总图。

其中：

【图纸代码】为 EHE-CD-AP2701，表示湖北国际物流核心枢纽项目施工图设计阶段机场工程航站楼及楼前停车场；

【图纸名称】为航站楼及楼前停车场总图。

（3）示例3

EHE-CD-AP04_助航灯光工程总图。

其中：

【图纸代码】为 EHE-CD-AP04，表示湖北国际物流核心枢纽项目施工图设计阶段机场工程助航灯光工程；

【图纸名称】为助航灯光工程总图。

（4）示例5

EHE-CD-AP_机场工程总布置图。

其中：

【图纸代码】为 EHE-CD-AP，表示湖北国际物流核心枢纽项目施工图设计阶段机场工程；

【图纸名称】为机场工程总布置图。

6.4.5 应用文件命名规则

应用文件为机场工程 BIM 正向实施过程中，基于 BIM 技术生成的相关文件，如建筑性能模拟、方案比选、虚拟仿真漫游、碰撞检测、工程量统计、计算书、报告文档等。应用文件类型主要分为模拟分析模型文件、动画视频文件、效果图、报告、工程量统计表、计算书等。

6.4.5.1 模拟分析模型文件命名规则

模拟分析模型文件为 BIM 应用中的碰撞检查，进度、动画模拟，性能、能耗分析模型，例如 NavisWorks 碰撞检查模型、疏散模拟、通风模拟、节能分析、日照分析等。其命名规则参照"模型文件命名规则"。

对于需要表示模拟分析模型局部位置、详细信息的，可用中英文在命名"描述说明"中进行扩充描述。

命名示例：EHE-CD-AP2701_1#楼梯首层入口 V1.0.nwc。

其中：

【模型代码】为 EHE-CD-AP2701，表示湖北国际物流核心枢纽项目施工图设计阶段机场工程航站楼及楼前停车场；

【模型名称】为 1#楼梯首层入口模型。

【模型版本】为第 1 版。

6.4.5.2 其他类应用文件命名规则

除了模拟分析模型文件外，其他类应用文件应采用统一的命名格式。

(1)命名规则

【文件代码】[【文件名称】。

①文件代码组成

【工程(项目)代码】-【阶段代码】-【单项工程、单位工程及子单位工程代码】-【应用文件及子类代码】。

其中：

【工程(项目)代码】：在立项时，工程(项目)设定的唯一代码，如湖北国际物流核心枢纽项目，代码为 EHE；

【单项工程、单位工程及子单位工程代码】：由单项工程代码、单位工程代码和子单位工程代码三部分组成，如机场工程航站楼及楼前停车场代码为 AP2701。

【应用文件及子类代码】：由应用文件代码和文件子类代码两部分组成，应用文件的英文为 Application File，代码为 AF；文件子类代码由两位阿拉伯数字组成，见表 6-15，如 AF01 表示应用文件为模拟动画类。

表 6-15 应用文件类代码

应用类文件	文件子类代码
模拟动画	01
效果图	02
报告	03
工程量统计表	04
计算书	05
…	…

②文件名称

用中文描述，方便使用者识别。

（2）命名示例

EHE-CD-AP2701-AF03_室内自然通风模拟分析报告 .docx。

其中：

【文件代码】为 EHE-CD-AP2701-AF03，表示湖北国际物流核心枢纽项目施工图设计阶段机场工程航站楼及楼前停车场应用文件报告；

【文件名称】为室内自然通风模拟分析报告。

6.4.6 管理文件命名规则

管理文件是机场工程实施过程中，各关联方从事与项目管理活动有关的文件，可分为总体文件、前期资料、设计管理文件、施工管理文件、竣工文件等。

6.4.6.1 命名规则

【文件代码】【文件名称】_[版本]。

（1）文件代码组成

①若文件对应的是专业时，文件代码组成为：【工程（项目）代码】-【阶段代码】-【单项工程、单位工程及子单位工程代码】-【专业代码】-【拆分代码】-【文件类型及子类代码】-[文件编号]；

②若文件对应的是子单位工程时，文件代码组成为：【工程（项目）代码】-【阶段代码】-【单项工程、单位工程及子单位工程代码】-【文件类型及子类代码】-[文件编号]；

③若文件对应的是单位工程时，文件代码组成为：【工程（项目）代码】-【阶段代码】-【单项工程、单位工程代码】-【文件类型及子类代码】-[文件编号]；

④若文件对应的是单项工程时，文件代码组成为：【工程（项目）代码】-【阶段代码】-【单项工程代码】-【文件类型及子类代码】-[文件编号]。

其中：

【文件类型及子类代码】：由文件类型代码和文件子类代码组成。文件类型包括总体文件、前期资料、设计管理文件、施工管理文件、竣工文件等，代码由两个英文单词首字母组成。文件子类代码由一级子类代码和二级子类代码组成，一级子类代码和二级子类代码均由 01 ~ 99 之间的两位阿拉伯数字组成，文件类型及子类代码见表 6-16。

[文件编号]：为可选项，管理文件有统一的编号时，增加文件编号项，如合同文件，文件编号由阿拉伯数字组成。管理文件内部的编号为：【文件代码】+流水号，流水号从 001 开始编。

表 6-16 文件类型及子类代码表

文件类型（英文）	文件类型代码	一级子类	一级子类代码	二级子类	二级子类代码
总体文件（Overall Documents）	OD	政府主管部门批文	01	国务院批文	01
				住房和城乡建设部批文	02
		项目基本信息文件	02	项目范围	01
				项目介绍	02
				项目实施大事记	03
				指挥部有关信息	04
				政府部门有关信息	05
				建设单位有关信息	06
				EHE-BIM 总咨询有关信息	07
				机场工程 BIM 咨询顾问有关信息	08
				设计单位有关信息	09
				施工单位有关信息	10
				监理单位有关信息	11
				供应商有关信息	12
				专家顾问信息	13
		往来函件	03	请示	01
				指挥部函	02
				政府部门函	03
				建设单位函	04
				EHE-BIM 总咨询函	05
				机场工程 BIM 咨询顾问函	06
				设计单位函	07
				施工单位函	08
				监理单位函	09
				供货商函	10
		会议纪要	04	/	/
前期资料（Preliminary Documents）	PD	选址资料	01	/	/
		预可行性研究报告	02	/	/
		可行性研究报告	03	/	/
		项目立项	04	/	/

续表 6-16

文件类型 （英文）	文件类 型代码	一级子类	一级子类 代码	二级子类	二级子类 代码
前期资料 （Preliminary Documents）	PD	项目策划报告	05	/	/
		规划设计	06	环境调查报告	01
				建设用地规划	02
				建设工程规划	03
				设计要求	04
				其他	05
		工程报建	07	/	/
设计管理文件 （Design Man- agement Documents）	DM	地质勘察资料	01	测绘资料	01
				初勘资料	02
				详勘资料	03
		方案设计	02	BIM 成果送审表	01
				BIM 成果校审卡	02
				BIM 成果评审报告	03
				BIM 成果审查意见表	04
				BIM 成果会审会签记录表	05
				BIM 成果会审会签意见表	06
				BIM 应用检查整改意见表	07
				BIM 成果质量整改通知书	08
				BIM 成果预验收意见单	09
				BIM 成果交付清单	10
				BIM 成果验收合格单	11
		初步设计	03	BIM 成果送审表	01
				BIM 成果校审卡	02
				BIM 成果评审报告	03
				BIM 成果审查意见表	04
				BIM 成果会审会签记录表	05
				BIM 成果会审会签意见表	06
				BIM 应用检查整改意见表	07
				BIM 成果质量整改通知书	08
				BIM 成果预验收意见单	09
				BIM 成果交付清单	10
				BIM 成果验收合格单	11

续表 6-16

文件类型（英文）	文件类型代码	一级子类	一级子类代码	二级子类	二级子类代码
设计管理文件（Design Management Documents）	DM	施工图设计	04	BIM 成果送审表	01
				BIM 成果校审卡	02
				BIM 成果评审报告	03
				BIM 成果审查意见表	04
				BIM 成果会审会签记录表	05
				BIM 成果会审会签意见表	06
				BIM 应用检查整改意见表	07
				BIM 成果质量整改通知书	08
				BIM 成果预验收意见单	09
				BIM 成果交付清单	10
				BIM 成果验收合格单	11
		设计范围	05	/	/
		招投标文件	06	/	/
		合同管理文件	07	/	/
施工管理文件（Construction Management Documents）	CM	项目管理资料	01	项目管理建议书	01
				项目管理大纲	02
				项目管理规划	03
				项目管理月报	04
				项目管理周报	05
		招投标资料	02	总包招标投标	01
				分包招标投标	02
				特种工程招标投标	03
				工程监理招标投标	04
				设备采购招标投标	05
		施工深化设计	03	BIM 成果送审表	01
				BIM 成果自审报告	02
				BIM 模型边界确认文件	03
				BIM 模型构件明细表	04
				BIM 模型构件变动对比表	05
				施工图 BIM 模型复核报告	06
				BIM 成果审查意见表（监理）	07
				BIM 成果审查意见表（设计）	08

续表 6-16

文件类型（英文）	文件类型代码	一级子类	一级子类代码	二级子类	二级子类代码
施工管理文件（Construction Management Documents）	CM	施工深化设计	03	BIM 成果审查意见表（BIM 咨询顾问）	09
				BIM 成果审查意见表（造价咨询）	10
				BIM 实施评估报告（监理）	11
				BIM 实施评估报告（设计）	12
				BIM 实施评估报告（BIM 咨询顾问）	13
				BIM 实施评估报告（造价应用）	14
				BIM 成果整改通知书	15
		合同管理	04	合同文本	01
				合同变更	02
				合同款支付	03
				索赔	04
		进度管理	05	业主确认的项目计划报告	01
				BIM 咨询顾问单位进度报告	02
				工程监理单位进度报告	03
				施工方报告	04
		成本管理	06	估算资料与审批报告	01
				概算资料与审批报告	02
				预算资料预审批报告	03
				资金到位情况报告	04
				投资实业计划报告	05
		BIM实施成果管理	07	施工总包 BIM 实施成果	01
				施工分包 BIM 实施成果	02
		质量管理	08	质量保证体系资料	01
				施工技术与质量验收标准	02
				材料合格证明及检测资料	03
		施工技术	09	施工组织设计	01
		设备与材料	10	电梯设备	01
		监理单位资料	11	监理实施大纲	01
				监理实施规则	02
		安全管理	12	安全保障体系	01
竣工文件（Completion Documents）	CD	工程竣工总结文件	01	/	/

续表 6-16

文件类型 （英文）	文件类型代码	一级子类	一级子类代码	二级子类	二级子类代码
竣工文件 （Completion Documents）	CD	单位工程质量验收记录	02	/	/
		工程质量保修书	03	/	/
		结算文件	04	/	/
		声像、电子档案	05	/	/
		项目后评估文件	06	/	/

注：项目执行过程中如产生表格所列文件之外的文件，可由工程指挥部在此表格的基础上增加。

（2）文件名称

用中文描述，方便使用者识别。

（3）版本

用来描述文件版本变化情况，代码为 V1.0，V2.0，……。

6.4.6.2　命名示例

（1）命名示例 1

EHE-CD-AP2701-A-DM0301_航站楼及楼前停车场初步设计阶段建筑专业 BIM 模型成果送审表。

其中：

【文件代码】为 EHE-CD-AP2701-A-DM0301，表示湖北国际物流核心枢纽项目施工图设计阶段机场工程航站楼及楼前停车场建筑专业初步设计阶段设计管理文件 BIM 成果送审表；

【文件名称】为航站楼及楼前停车场初步设计阶段建筑专业 BIM 模型成果送审表。

（2）命名示例 2

EHE-CD-AP2701-DM0301_航站楼及楼前停车场初步设计阶段总装 BIM 模型成果送审表。

其中：

【文件代码】为 EHE-CD-AP2701-DM0301，表示湖北国际物流核心枢纽项目施工图设计阶段机场工程航站楼及楼前停车场初步设计阶段设计管理文件 BIM 成果送审表；

【文件名称】为航站楼及楼前停车场初步设计阶段总装 BIM 模型成果送审表。

（3）命名示例 3

EHE-CD-AP04-DM0301_助航灯光工程初步设计阶段总装 BIM 模型成果送审表。

其中：

【文件代码】为 EHE-CD-AP04-DM0301，表示湖北国际物流核心枢纽项目施工图设计阶段机场工程助航灯光工程初步设计阶段设计管理文件 BIM 成果送审表；

【文件名称】为助航灯光工程初步设计阶段总装 BIM 模型成果送审表。

（4）命名示例 4

EHE-CD-AP-DM0301_机场工程初步设计阶段 3 标总装 BIM 模型成果送审表。

其中：

【文件代码】为 EHE-CD-AP-DM0301，表示湖北国际物流核心枢纽项目施工图设计阶段机场工程初步设计阶段设计管理文件 BIM 成果送审表；

【文件名称】为机场工程初步设计阶段 3 标总装 BIM 模型成果送审表。

6.5　文件存储

BIM 实施关联方在进行文件存储时，须遵从以下规定：

（1）BIM 文件应存储在 BIM 实施关联方固定的工作计算机上，不宜存储在移动设备或网络上；

（2）存储 BIM 文件的计算机离场时，BIM 实施关联方负责 BIM 文件的清理工作，确保 BIM 文件不外泄。

7 BIM 成果验收与交付标准

7.1 基本规定

（1）机场工程 BIM 成果验收应按专业、子单位工程、单位工程、标段逐级进行。

（2）机场工程专业、子单位工程、单位工程的划分应符合本书第 2 章的相关规定。

（3）机场工程 BIM 成果验收项应满足各阶段设计深度或施工实施的技术要求。

（4）BIM 成果验收不合格的，经完善、整改或返工后，应重新进行验收。

（5）建筑信息模型交付应包括设计建造阶段的交付和面向应用的交付。交付应包含交付物、交付过程和交付物管理等方面的内容。在湖北国际物流核心枢纽项目中，交付物管理包含交付物审核、配置管理、发布和知识产权管理等内容。

（6）面向应用的交付宜包括机场工程设计建造期内有关建筑信息的各项应用，建筑信息模型的交付物、交付行为、交付物管理应满足应用需求。

（7）建筑信息模型交付过程中，应根据设计和施工信息建立建筑信息模型，并输出交付物，交付行为应以交付物为依据。

7.2 BIM 成果验收

7.2.1 一般规定

（1）BIM 成果验收包括 BIM 模型验收及 BIM 应用验收。

（2）BIM 成果验收结论等级分为合格、不合格。

（3）BIM 成果验收应以专业为基本验收单元，在专业验收的基础上，逐级验收子单位工程、单位工程、标段。

（4）专业 BIM 成果验收合格应满足以下条件：

①验收资料应完整。

②专业 BIM 模型满足本书规定的验收要求。

③专业 BIM 应用成果满足本书规定的验收要求。

（5）子单位工程 BIM 成果验收合格应满足以下条件：

①验收资料应完整。

②专业 BIM 成果验收全部合格。

③子单位工程 BIM 模型验收合格。

④子单位工程 BIM 应用验收合格。

（6）单位工程 BIM 成果验收合格应满足以下条件：

①验收资料应完整。

②子单位工程 BIM 成果验收全部合格。

③单位工程 BIM 模型验收合格。

④单位工程 BIM 应用验收合格。

（7）所含单位工程验收合格，且标段 BIM 模型应用验收合格，则该标段 BIM 成果验收合格。

7.2.2 BIM 模型验收

7.2.2.1 设计阶段 BIM 模型验收

（1）设计阶段 BIM 模型验收的内容包括：模型完整性、模型精度、模型标准符合性及其他，各验收项应符合表 7-1 的要求。

表 7-1 机场工程 BIM 模型验收要求

序号	验收项		验收要求
1	完整性		（1）专业完整性：模型包含所有专业； （2）专业内容完整性：各专业模型内容完整； （3）文档完整性：子单位工程、单位工程、标段、机场工程总装成果的送审表、校审卡、内部评审报告等完整； （4）冗余性：无多余的构件
2	精度	几何精度	模型几何精度符合本书第 4 章的要求，并满足出图、计量造价等应用需求
		属性精度	模型属性精度符合本书第 4 章的要求，并满足出图、计量造价等应用需求
3	标准符合性	模型结构	（1）模型拆分：模型按本书第 2 章的要求进行拆分； （2）模型整合：模型按项目管理文件目录结构树进行分层级装配
		命名	（1）模型命名：模型按本书第 6 章的要求进行命名； （2）构件命名：构件、族、模板等按本书第 6 章的要求进行命名； （3）图纸命名：图纸按本书第 6 章的要求进行命名； （4）文档命名：送审表、校审卡、内部评审报告等文档按本书第 6 章的要求进行命名
		资源库	（1）样板：颜色、材质、分类符合本书第 6 章的要求； （2）族库：族库模型符合本书第 3 章、第 4 章和第 6 章的要求

续表 7-1

序号	验收项		验收要求
4	其他	碰撞检查	(1)专业内碰撞:单专业内部模型无碰撞; (2)专业间碰撞:专业间模型无碰撞
		正向设计	(1)图模一致
		其他	(1)满足机场工程相关 BIM 实施标准及规范的其他要求

注:①设计阶段 DN40 及以下管路可不参与碰撞检查;

②开关、插座、地漏、感烟探测器、感温探测器等小构件与相应的墙体、地面、楼板、天花板等碰撞可不计为碰撞。

（2）模型完整性、模型精度、模型标准符合性应达到本书要求的通过率。

通过率应按以下公式进行计算：

$$通过率 = \frac{通过项数目}{（通过项数目+未通过项数目）} \times 100\%$$

（3）BIM 模型验收合格判定应符合下列要求：

①模型完整性应 100%通过,否则该 BIM 模型为不合格。

②模型精度通过率应不低于 95%,否则该验收项为不合格。

③模型标准符合性通过率不低于 95%,否则该验收项为不合格。

④模型碰撞检查、图模一致等其他验收内容应满足表 7-1 的要求（开关、插座、地漏等小构件与相应的墙体、地面、楼板、天花板等碰撞除外）,否则该验收项为不合格。

（4）BIM 模型验收通过率要求详见表 7-2。

表 7-2　机场工程设计阶段 BIM 模型验收通过率表

序号	验收内容	验收项	通过率	备注
1	BIM 模型	完整性	100%	模型验收为合格的先决条件
2		模型精度	≥95%	
3		标准符合性	≥95%	
4		其他	—	满足机场工程 BIM 模型验收要求相关内容

注:还需满足招标文件要求。

7.2.2.2　施工阶段 BIM 模型验收

施工阶段 BIM 模型的验收应通过设计、监理、造价咨询顾问和 BIM 咨询顾问的审查,审查内容包括:模型文件、碰撞与边界、构件/系统的颜色/材质、模型结构、模型构件、属性信息、模型计量、规程规范标准的符合性、资源库、模型切图,审查内容及关联方职责详见表 7-3。

表 7-3　机场工程施工阶段模型审查内容及职责划分表

序号	审查内容		监理	设计	造价咨询顾问	BIM咨询顾问
1	模型文件	BIM 软件及版本:正确/不正确	△			▲
2		模型文件数量:正确/不正确	△			▲
3		模型文件命名:正确/不正确	△			▲
4		模型文件拆分:正确/不正确	△			▲
5		模型文件整合:正确/不正确	△			▲
6	碰撞与边界	坐标系:正确/不正确	▲	△		△
7		模型文件内无碰撞:无/有	▲	△		△
8		本标段内模型无碰撞:无/有	▲	△		△
9		标段间模型边界:正确/不正确	▲	△		△
10		模型与走马湖治理工程边界:正确/不正确	▲	△		△
11	模型结构	族名称:正确/不正确	△			▲
12		构件名称:正确/不正确	△			▲
13		构件编码:正确/不正确	△			▲
14	模型构件	构件拆分满足机场工程BIM技术标准:满足/不满足	△		△	▲
15		构件拆分满足检验批划分:正确/不正确	▲			
16		建模方式:正确/不正确	△		△	▲
17		构件/系统的颜色/材质:正确/不正确	△			▲
18		几何精度:正确/不正确	△	△	△	▲
19	属性信息	通用属性:正确/不正确	△			▲
20		设计属性:正确/不正确	▲	△	△	△
21		施工属性:正确/不正确	▲		△	△
22		造价属性:正确/不正确	△		▲	△
23	模型计量	构件扣减关系:正确/不正确	△		▲	△
24		无多余、重叠构件:无/有	△		△	▲
25		模型符合计量计价规则:正确/不正确	△		▲	
26		模型出量率符合要求:符合/不符合	△		▲	
27		模型工程量变化:合理/不合理	△		▲	
28		构件明细表:正确/不正确	△		▲	△
29	规程、规范、标准的符合性	模型符合设计规程、规范、标准要求:符合/不符合	△	▲		

续表 7-3

序号	审查内容		监理	设计	造价咨询顾问	BIM咨询顾问
30	规程、规范、标准的符合性	模型符合设计意图:符合/不符合	△	▲		
31		模型符合施工规程、规范、标准要求:符合/不符合	▲	△		
32		模型符合施工质量验评指标要求:符合/不符合	▲	△		
33	资源库	族库的完整性和正确性:正确/不正确	△			▲
34		样板文件的完整性和正确性:正确/不正确	△			▲
35		工作空间的完整性和正确性:正确/不正确	△			▲
36	模型切图	模型切图的数量和种类齐全、标注清晰:符合/不符合	▲	△	△	△

注:①资源库为竣工阶段审查内容;

②"▲"审查人为主责,要求对"审查内容"的存在性、正确性、有效性等进行全面核对;

③"△"审查人为辅助审查,要求对"审查内容"的存在性进行全面检查,对"审查内容"的正确性、有效性等进行抽样检查。

7.2.3 BIM 应用验收

(1)BIM 应用验收的内容应包括:模型出图、明细表统计、其他应用,各验收项应符合表 7-4 的要求。

表 7-4 机场工程 BIM 应用验收要求

序号	验收项	验收要求
1	模型出图	(1)基于 BIM 模型直接生成图纸(平面图、立面图、剖面图、轴测图); (2)为了不影响出图效率,尺寸标注、文字注释可在 BIM 软件或 CAD 中进行标注; (3)图纸目录、设计说明及原理系统图可在 BIM 软件或者 CAD 中进行绘制
2	明细表统计	(1)基于 BIM 模型输出明细表
3	其他应用	(1)除模型出图和明细表统计以外的其他应用详见表 7-5 至表 7-7; (2)满足相应阶段 BIM 应用点设置的要求; (3)应用报告满足要求

(2)模型出图、明细表统计、其他应用中的任何一项不满足验收要求,则该验收项为不合格。

表 7-5　机场工程初步设计阶段 BIM 实施应用点

标段	单位工程	子单位工程	三维漫游视频	演示汇报	日照分析	光环境分析	塔台通视漫游	飞行区仿真模拟	通行净空检查	车流分析	疏散模拟
EPC1标	走马湖西侧水系综合治理工程	走马湖西侧水系综合治理工程	▲	▲							
EPC2标	走马湖东侧水系综合治理工程	走马湖东侧水系综合治理工程	▲	▲							
设计1标	飞行区道面工程	飞行区道面工程	▲								
	飞行区排水工程	飞行区排水工程	▲								
	助航灯光工程	灯光中心站及场务与飞管部业务用房	▲								
		1#灯光站工程及地面服务部业务用房									
		2#灯光站工程	▲								
		3#灯光站工程	▲								
	消防救援工程	消防泵房	▲								
	总图工程	总图工程	▲					▲			
设计2标	塔台及裙房工程	塔台及裙房工程	▲	▲			▲				
	场监雷达及多点定位系统工程	东场监雷达站	▲								
		西场监雷达站	▲								
	花湖二次雷达站工程	花湖二次雷达站工程	▲								
	场外 DVOR&DME 导航台工程	天山 DVOR&DME 导航台	▲								
		回龙山 DVOR&DME 导航台	▲								
		茶山 DVOR&DME 导航台	▲								
设计3标	消防救援工程	消防救援工程	▲	▲							
	航站区、工作区、货运区总图工程	航站区、工作区、货运区总图工程	▲								
	航站楼及楼前停车场	航站楼及楼前停车场	▲	▲	▲	▲					▲
	货站及快件中心	货站及快件中心	▲	▲							
	机场综合业务楼	机场综合业务楼	▲	▲	▲	▲					
	员工宿舍	员工宿舍	▲	▲	▲	▲					
	机场特运库	机场特运库	▲	▲							

续表 7-5

标段	单位工程	子单位工程	三维漫游视频	演示汇报	日照分析	光环境分析	塔台通视漫游	飞行区仿真模拟	通行净空检查	车流分析	疏散模拟
设计4标	市政道路工程	市政道路工程	▲	▲					▲	▲	
		污水泵站工程	▲	▲							
	综合管廊工程	综合管廊工程	▲	▲							
	中心 110 kV 变电站工程	中心 110 kV 变电站工程	▲	▲							
	1#能源站工程	1#能源站工程	▲	▲							
	垃圾收集站工程	垃圾收集站工程	▲	▲							
	给水泵站工程	给水泵站工程	▲	▲							
	10 kV 配电工程	10 kV 配电工程	▲	▲							

注:①▲表示需完成的 BIM 应用;

②BIM 应用点术语定义:

三维漫游视频:进行三维漫游并制作视频(多个子单位工程可合并制作)。

演示汇报:应用 BIM 模型进行方案交底等汇报。

日照分析:在指定日期模拟计算某一层建筑、高层建筑群对其北侧某一规划或保留地块的建筑、建筑部分层次的日照影响情况或日照时数情况。

光环境分析:对建筑采光进行模拟。

塔台通视漫游:对塔台进行三维漫游并制作视频。

飞行区仿真模拟:对机位入位及顶推进行模拟验证;通过模拟飞行器运行确定滑行道口增补面;利用机场净空障碍物限制面模型控制机场周边建(构)筑物建设高度等。

通行净空检查:对道路、桥梁的通行净空进行验证。

车流分析:对高峰小时车流情况进行模拟,着重对出发、到达车道及路面情况进行模拟,检验设计参数;并针对不同方向出发、到达的车流情况进行模拟,找到道路交织点。

疏散模拟:发生应急情况时的人员疏散模拟。

表 7-6 机场工程施工图设计阶段 BIM 实施应用点

标段	单位工程	子单位工程	净高分析	结构计算分析	碰撞检查	管线综合	三维漫游视频	演示汇报	日照分析	光环境分析	塔台通视漫游	飞行区仿真模拟	通行净空检查	车流分析	人流分析	疏散模拟	施工工艺模拟
EPC1标	走马湖西侧水系综合治理工程	走马湖西侧水系综合治理工程			▲		▲	▲									▲
EPC2标	走马湖东侧水系综合治理工程	走马湖东侧水系综合治理工程			▲		▲	▲									▲
设计1标	全场地基处理及土石方工程	全场地基处理工程			▲		▲										
		全场土石方工程			▲		▲										
	飞行区道面工程	飞行区道面工程		▲	▲	▲	▲										
	飞行区排水工程	飞行区排水工程		▲	▲	▲	▲										
	助航灯光工程	助航灯光工艺	▲		▲	▲	▲										
		灯光中心站及场务与飞管部业务用房	▲	▲	▲	▲	▲										
		1#灯光站工程及地面服务部业务用房	▲	▲	▲	▲	▲										
		2#灯光站工程	▲		▲	▲	▲										
		3#灯光站工程	▲		▲	▲	▲										
	机坪照明工程	机坪照明工程			▲	▲	▲										
	飞行区供电工程	飞行区供电工程			▲	▲	▲										
	飞行区通信工程	飞行区通信工程			▲	▲	▲										
	飞机地面空调工程	飞机地面空调工程			▲	▲	▲										
	飞行区附属设施工程	防吹篱				▲	▲										
		安保岗亭工程			▲	▲	▲										

续表 7-6

标段	单位工程	子单位工程	净高分析	结构计算分析	碰撞检查	管线综合	三维漫游视频	演示汇报	日照分析	光环境分析	塔台通视漫游	飞行区仿真模拟	通行净空检查	车流分析	人流分析	疏散模拟	施工工艺模拟
设计1标	飞行区附属设施工程	2#通道口工程			▲	▲	▲										
		3#通道口工程			▲	▲	▲										
		5#通道口工程			▲	▲	▲										
		6#通道口工程			▲	▲	▲										
		场务维修用房	▲		▲	▲	▲										
		地服特种车棚			▲		▲										
	生产辅助设施工程	1#场务特种车库及场务与飞管部业务用房	▲	▲	▲	▲	▲										
		2#场务特种车库	▲	▲	▲	▲	▲										
		飞管、地服用房及1#变电站	▲	▲	▲	▲	▲										
		飞管、地服用房及2#变电站	▲	▲	▲	▲	▲										
		飞管、地服用房及3#变电站	▲	▲	▲	▲	▲										
		安检业务用房及4#变电站	▲	▲	▲	▲	▲										
		飞管、地服用房及5#变电站	▲	▲	▲	▲	▲										
	消防救援工程	消防管线			▲	▲	▲										
		消防泵房	▲		▲	▲	▲										
	飞行区综合小区工程	1#综合小区室外工程			▲	▲	▲										
		2#综合小区室外工程			▲	▲	▲										
		3#综合小区室外工程			▲	▲	▲										
		4#综合小区室外工程			▲	▲	▲										

续表 7-6

标段	单位工程	子单位工程	净高分析	结构计算分析	碰撞检查	管线综合	三维漫游视频	演示汇报	日照分析	光环境分析	塔台通视漫游	飞行区仿真模拟	通行净空检查	车流分析	人流分析	疏散模拟	施工工艺模拟
设计1标	转运中心空侧室外雨污水工程	转运中心空侧室外雨污水工程			▲	▲	▲										
	特种设备工程	特种车辆															
		驱鸟设施					▲										
	总图工程	总图工程			▲	▲	▲					▲					
	充电桩工程	充电桩工程			▲	▲	▲										
	塔台及裙房工程	塔台及裙房工程	▲	▲	▲	▲	▲	▲			▲						
	航管工程	航管工程		▲	▲	▲	▲										
	气象工程	气象工程		▲		▲	▲										
	天气雷达站工程	天气雷达站工程	▲	▲	▲	▲	▲										
	场监雷达及多点定位系统工程	东场监雷达站	▲	▲	▲	▲	▲										
		西场监雷达站	▲	▲		▲	▲										
		多点定位系统工程	▲		▲		▲										
设计2标	甚高频遥控台工程	甚高频遥控台工程					▲										
	花湖二次雷达站工程	花湖二次雷达站工程	▲	▲	▲	▲	▲										
	仪表着陆系统工程	仪表着陆系统工程	▲	▲	▲	▲	▲										
	场外 DVOR&DME 导航台工程	天山 DVOR&DME 导航台	▲	▲	▲	▲	▲										
		回龙山 DVOR&DME 导航台	▲	▲	▲	▲	▲										
		茶山 DVOR&DME 导航台	▲	▲	▲	▲	▲										

续表 7-6

标段	单位工程	子单位工程	净高分析	结构计算分析	碰撞检查	管线综合	三维漫游视频	演示汇报	日照分析	光环境分析	塔台通视漫游	飞行区仿真模拟	通行净空检查	车流分析	人流分析	疏散模拟	施工工艺模拟
设计 3 标	消防救援工程	消防救援工程	▲	▲	▲	▲	▲	▲									
	航站区、工作区、货运区总图工程	航站区、工作区、货运区总图工程			▲	▲	▲	▲									
	航站楼及楼前停车场	航站楼及楼前停车场	▲	▲	▲	▲	▲	▲	▲	▲							
	货站及快件中心	货站及快件中心	▲	▲	▲	▲	▲	▲	▲						▲	▲	
	机场综合业务楼	机场综合业务楼	▲	▲	▲	▲	▲	▲	▲	▲							
	员工宿舍	员工宿舍	▲	▲	▲	▲	▲	▲	▲	▲							
	机场特运库	机场特运库			▲	▲	▲	▲									
设计 4 标	市政道路工程	市政道路工程	▲		▲	▲	▲	▲					▲	▲			
		污水泵站工程			▲	▲	▲	▲									
	综合管廊工程	综合管廊工程			▲	▲	▲	▲									
	中心 110kV 变电站工程	中心 110kV 变电站工程	▲		▲	▲	▲	▲									
	1#能源站工程	1#能源站工程	▲		▲	▲	▲	▲									
	垃圾收集站工程	垃圾收集站工程	▲		▲	▲	▲	▲									
	给水泵站工程	给水泵站工程	▲		▲	▲	▲	▲									
	10kV 配电工程	10kV 配电工程			▲	▲	▲	▲									

注：①▲表示须完成的 BIM 应用。

　　②所有专业都须完成工程量统计和碰撞检查。

　　③所有子单位工程都须完成三维漫游视频应用。

　　④两层及两层以上的建筑须做结构计算分析应用。

⑤岩土专业的边坡工程、地基处理工程、围堰工程、排水工程、便道便桥工程等分部工程均须进行施工工艺模拟。

⑥BIM 应用点术语定义。

净高分析:对建筑物净高进行复核。

结构计算分析:应用盈建科等软件进行结构分析计算。

碰撞检查:专业内、专业间碰撞检查。

管线综合:管线布置综合平衡。

三维漫游视频:进行三维漫游并制作视频(多个子单位工程可合并制作)。

演示汇报:应用 BIM 模型进行方案交底等汇报。

日照分析:在指定日期模拟计算某一层建筑、高层建筑群对其北侧某一规划或保留地块的建筑、建筑部分层次的日照影响情况或日照时数情况。

光环境分析:对建筑采光进行模拟。

塔台通视漫游:对塔台进行三维漫游并制作视频。

飞行区仿真模拟:对机位入位及顶推进行模拟验证;通过模拟飞行器运行确定滑行道口增补面;利用机场净空障碍物限制面模型控制机场周边建(构)筑物建设高度等。

通行净空检查:对道路、桥梁的通行净空进行验证。

车流分析:对高峰小时车流情况进行模拟,并重点对出发、到达车道及路面情况进行模拟,检验设计参数;并针对不同方向出发、到达的车流情况进行模拟,找到道路交织点。

人流分析:对出发、到达、中转等不同流程下各个汇聚停留地的人流动线进行模拟等;针对采用不同交通工具换乘方式的旅客流线进行模拟,从而优化换乘流程。

疏散模拟:发生应急情况时的人员疏散模拟。

施工工艺模拟:在编制施工方案的基础上,将施工工艺信息与模型关联,模拟施工工艺流程。

表 7-7　机场工程施工阶段 BIM 实施应用点

工程类型	三维漫游视频	净高分析	碰撞检查	质量验评	造价应用	施工组织模拟	施工工艺模拟	车流分析	人流分析
航站楼工程	▲	▲	▲	▲	▲	▲	▲	/	▲
其他房建工程	▲	▲	▲	▲	▲	▲	▲	/	▲
道路工程	▲	/	/	▲	▲	▲	▲	▲	/
其他工程	▲	/	▲	▲	▲	▲	▲	/	/

注:①▲表示须完成的 BIM 应用。

②BIM 应用点术语定义:

质量验评:模型构件与分部分项工程挂接,通过模型展示质量验评进度。

造价应用:应用模型生成的构件明细表进行计量与支付。

7.2.4　验收程序

(1)机场工程设计单位、施工单位应按要求对各专业、各子单位工程、单位工程和标段的 BIM 成果进行自检,自检合格后将成果上传项目管理平台报机场工程 BIM 咨询顾问验收。

（2）机场工程 BIM 咨询顾问应结合 BIM 模型验收和 BIM 应用成果验收的结果，对设计或施工单位的 BIM 成果进行验收。

（3）机场工程 BIM 咨询顾问应将验收合格的 BIM 成果上报 BIM 实施甲方审批，验收结论以 BIM 实施甲方审批为准。

（4）经 BIM 实施甲方审批的 BIM 成果归档至项目管理平台。

7.3   交付物

7.3.1   一般规定

（1）建筑信息模型交付准备过程中，应根据交付深度、交付物形式、交付要求、项目和应用需求设置模型结构并选取适宜的模型精度等级。

（2）建筑信息模型的参数、文件及文件夹等命名应符合本书第 2 章的相关要求。

（3）建筑信息模型交付深度和模型精度等级应符合本书第 4 章的相关要求。

（4）机场工程 BIM 实施各关联方应根据设计和建造阶段的要求和应用需求，从各阶段建筑信息模型中提取所需的信息形成交付物。交付物还应包括交付管理产生的过程审核文件和管理流程文件。

（5）交付物以通用的数据格式或各方商定的数据格式传递建筑模型信息。

（6）交付物包括模型、图纸、表格及相关文档等，不同表现形式之间的数据、信息应一致。

（7）建筑信息模型及交付物提供方应保障所有文件链接、信息链接的有效性。

（8）交付人应保证 BIM 交付物几何信息与属性信息的准确性、完整性。

（9）子单位工程的建筑信息模型总装文件的坐标应与 PH 坐标一致。

7.3.2   交付内容

主要交付物的代码及类别应符合表 7-8 的要求。

表 7-8   机场工程 BIM 实施交付物代码及类别

代码	交付物的类别	备注
D1	建筑信息模型	含模型属性信息表
D2	样本文件	
D3	资源库	Revit 族库文件等

续表 7-8

代码	交付物的类别	备注
D4	工程图纸	含 BIM 出图与模型对应关系表
D5	BIM 应用分析报告	
D6	建筑指标表	
D7	模型工程量统计报表	
D8	多媒体文件及图像文件	
D9	过程审核文件	

（1）建筑信息模型

建筑信息模型应包含各阶段交付所需的全部信息。

建筑信息模型可索引其他类别的交付要件。交付时，应一同交付，并确保索引路径有效。建筑信息模型的表达方式宜包括模型视图、表格、文档、图像、点云、多媒体及网页，各种表达方式间应具有关联访问关系。

交付建筑信息模型时，应一同交付模型属性信息表，并确保模型属性满足本书第 7章中所定义的模型属性信息深度要求。

交付建筑信息模型时，宜集中管理并设置数据访问权限。

（2）样本文件

样本文件应根据各阶段模型以及出图、算量等应用而创建。

（3）资源库

设计和施工单位使用的族文件等资源库应单独输出。

（4）工程图纸

工程图纸应基于建筑信息模型的视图和表格加工而成。

电子工程图纸文件可索引其他交付物。交付时，应一同交付，并确保索引路径有效。工程图纸的制图应符合现行国家相关标准（如 GB/T 50001《房屋建筑制图统一标准》等）的规定。

（5）BIM 应用分析报告

根据性能化分析、碰撞检测和净高优化、施工方案模拟等应用分析结果，交付相应内容的分析报告。

BIM 应用分析报告应包含下列内容：

①项目简述：项目名称、项目类型、规模等信息；

②分析原则说明：分析优化、方案比选、验证校审、施工模拟等分析内容的基本原则、参考依据、标准要求；

③分析过程说明：BIM 模型情况、分析软件工具、分析条件输入、分析内容对象、分

析方法；

④分析结果说明：分析优化内容的说明，设计方案比选的结果，验证校核发现的问题，施工方案模拟产生的进度计划、场地布置方案、施工技术交底。

（6）建筑指标表

建筑指标表应基于建筑信息模型导出。建筑指标表应包含下列内容：

①项目简述；

②建筑指标名称及其编码；

③建筑指标值。

（7）模型工程量统计报表

模型工程量统计报表应基于建筑信息模型导出，模型工程量统计报表应包含下列内容：

①模型结构、构件编码、族名称、类型名称、设计属性；

②工程量明细及统计数据。

（8）多媒体文件及图像文件

动画视频应能清晰表达机场工程效果，并反映主要空间布置、复杂区域的空间构造等。漫游文件应包含全专业模型、动画视点和漫游路径等。图像文件应确保有较为真实的效果。

（9）过程审核文件

过程审核文件应根据交付物审核管理过程，及时提交。过程审核文件应包括以下内容：

①工程名称、提交阶段相关信息；

②交付物类型、内容等基本信息；

③提交单位、审查单位相关信息；

④审查意见内容，提交单位的意见回复与具体修改情况；

⑤审查单位、接收单位签名、签章和日期。

7.3.3　交付格式

BIM 交付物须提供原始模型文件格式，对于同类文件格式应使用统一的版本。交付物表达方式应根据建设阶段和应用需求所要求的交付内容和交付物特点选取，应采用模型视图、文档和表格作为表达方式，也可采用图纸、图像、多媒体和网页作为表达方式。

主要交付物的文件类型、软件名称、交付格式见表 7-9：

表 7-9　机场工程 BIM 实施交付物文件类型

序号	文件类型	软件名称	交付格式	备注
1	模型成果文件	Autodesk Revit 2018	*.rvt	在满足数据互用的前提下,软件应采用当前广泛应用的版本
		CATIA V5 R21	*.CATPart、*.CATProduct	
		Tekla Structure 2018	*.dbl	
		Autodesk Civil 3D 2018	*.LandXML/dwg	
		Rhino 6.0	*.3DM	
		Bentley 相关软件	*.DGN	
2	浏览审核文件	Autodesk Navisworks 2018	*.nwd	
		Navigator Connect Edition	*.i-model	
		Autodesk 3ds Max	*.max	
3	多媒体文件	/	*.avi	原始分辨率不小于800×600,帧率不少于15 帧/s。内容时长应以充分说明表达内容为准
			*.wmv	
			*.exe	
			*.mp4	
4	图像文件	/	*.jpeg	分辨率不小于1280×720
			*.png	
			*.tif	
5	图纸文件	Autodesk CAD 2018	*.dwg/*.dwf/*.dxf	
6	文档表格类文件	Office 2013	*doc/*.docx	
			.xls/.xlsx	
			.ppt/.pptx	
		Adobe	*.pdf	

7.3.4　关联方交付物

除建设各阶段的模型交付物外,BIM 实施关联方还应根据分析应用结果编写报告,形成交付物。关联方提供的交付物中还应包括应用相关的模拟视频、效果图片、审核浏览文件等。

机场工程 BIM 咨询顾问应根据 BIM 实施管理过程,通过编制过程审核文件(审核报告、评估报告)、管理流程文件(会议纪要、工作联系单)形成交付物。过程审核文件和管理流程文件的编制应满足机场工程 BIM 实施相关管理制度和流程的要求。

BIM 实施主要关联方交付物见表 7-10。

表 7-10　机场工程 BIM 实施主要关联方交付物举例

序号	阶段	交付单位	交付成果
1	实施准备阶段	机场工程 BIM 咨询顾问	(1)《合同文件 BIM 条款的解读确认》会议纪要； (2)《湖北鄂州民用机场工程 BIM 实施技术标准》及其评审会议纪要； (3)《湖北鄂州民用机场工程 BIM 实施细则》及其评审会议纪要； (4)各关联方会签的《湖北鄂州民用机场工程 BIM 实施计划》及其评审会议纪要
2	设计阶段	机场工程设计总协调/专业工程设计	(1)设计各阶段设计模型； (2)设计各阶段专项分析模型； (3)设计各阶段完整的工程图纸； (4)设计各阶段基于 BIM 的应用分析报告； (5)设计各阶段工程量统计报表； (6)设计各阶段 BIM 模型构件信息表； (7)建筑指标表； (8)虚拟模拟动画、方案效果图等多媒体文件
		机场工程 BIM 咨询顾问	(1)过程审核文件(评估报告)； (2)管理流程文件(会议纪要、工作联系单)
3	施工阶段	施工总包/专业分包	(1)深化设计模型、变更模型； (2)深化设计图纸； (3)工程量统计表； (4)净高分析报告； (5)施工场地布置模拟视频； (6)施工进度模拟视频； (7)施工工艺模拟视频； (8)施工各阶段 BIM 模型构件信息表
		机场工程 BIM 咨询顾问	(1)过程审核文件(评估报告)； (2)管理流程文件(会议纪要、工作联系单)
		机场工程设计总协调/专业工程设计	(1)设计变更图纸及其他变更成果； (2)过程审核文件(评估报告)
		监理/造价咨询	(1)过程审核文件(评估报告)
4	竣工阶段	施工总包/专业分包	(1)竣工模型； (2)竣工图纸； (3)竣工阶段工程量统计表； (4)竣工阶段 BIM 模型构件信息表
		机场工程 BIM 咨询顾问	(1)过程审核文件(评估报告)； (2)管理流程文件(会议纪要、工作联系单)
		设计/监理/造价咨询	(1)过程审核文件(评估报告)

注：①交付模型深度详见本书第 4 章；②BIM 模型构件信息表以数据库的形式体现。

7.3.5　其他要求

（1）成果交付时，交付方应向被交付方提供成果交付说明书。

（2）成果交付说明书应包含模型成果交付说明和非模型成果交付说明。

①模型成果交付说明应包含以下内容：

模型结构说明、模型图纸列表、模型属性信息表、交付格式说明、模型与图纸映射关系图等。

②非模型成果交付说明中，应列表对所有非模型成果进行统一说明，方便交付双方进行交付对接工作。

（3）在机场工程的每个交付阶段，应以交付双方最后认可的模型成果作为唯一有效文件，以保证模型的唯一有效性。

7.4　交付过程

7.4.1　一般规定

（1）建筑信息模型的交付应包括设计建造阶段的交付和面向应用的交付。交付过程中，应根据设计建造阶段的要求或应用需求选取模型交付深度和交付物。

（2）交付物宜集中管理（通过项目管理平台集中管理）。

7.4.2　设计建造阶段的交付过程

设计建造阶段的交付宜包括项目需求定义、模型实施和模型交付三个过程。

（1）项目需求定义

项目需求定义应由建设方/BIM 咨询顾问完成，并符合下列规定：

①应根据基本设计建造程序分阶段确定建筑信息模型应用目标；

②应根据应用目标制定项目需求文件，并交付建筑信息模型提供方。

（2）模型实施

模型实施应由建筑信息模型提供方完成，并应满足应用需求。

（3）模型交付

模型交付应由建筑信息模型提供方和建设方/BIM 咨询顾问共同完成，并应符合下列规定：

①提供方根据项目需求文件向建设方/BIM 咨询顾问提供交付物；

②建设方/BIM 咨询顾问应根据基本设计建造程序要求复核交付物及其相关的信息；

③建筑信息模型设计和施工信息的修改应由提供方完成，并将修改信息提供给建设方/BIM 咨询顾问。

设计建造阶段的交付，项目需求文件应包含下列内容：

①项目计划概要，宜至少包含项目地点、规模、类型等基本信息；

②项目建筑信息模型的应用需求；

③项目关联方协同方式、数据储存和访问方式、数据访问权限。

7.4.3 面向应用的交付过程

面向应用的交付宜包括项目需求定义、模型实施和模型交付三个过程。

（1）项目需求定义

项目需求定义应由建筑信息模型应用方完成，并应符合下列规定：

①应根据应用目标确定 BIM 应用点，并写明全部应用目标；

②应根据 BIM 应用点制定应用需求文件，并应交付建筑信息模型提供方。

（2）模型实施

模型实施应由建筑信息模型提供方完成，并应满足应用需求。

（3）模型交付

模型交付应由建筑信息模型提供方和应用方共同完成，并应符合下列规定：

①提供方根据应用需求文件向应用方提供交付物；

②应用方应复核交付物及提供方提供的信息，并提取所需的模型单元形成应用数据集；

③应用方可根据建筑信息模型的设计和施工信息创建应用模型；

④建筑信息模型设计和施工信息的修改应由提供方完成，并将修改信息提供给应用方。

面向应用的交付，应用需求文件应包含下列内容：

①建筑信息模型的应用类型和应用目标；

②采用的编码体系和现行标准名称；

③模型单元的模型精细度、几何表达精度、信息深度，并应列举必要的属性及其计量单位；

④交付物类别和交付方式。

7.5 交付物管理

7.5.1 交付物审核

建设方/BIM 咨询顾问应根据相关要求对交付物及提供方提供的信息进行审核,审核流程详见机场工程 BIM 实施相关管理制度和流程。机场工程 BIM 实施交付物审核的主要工作内容和要求见表 7-11。

表 7-11 机场工程 BIM 实施交付物审核主要工作内容及要求

工作内容	工作要求
交付物审核工作管理	(1)机场工程 BIM 咨询顾问作为 BIM 工作质量监督方,应协助建设方对交付物及提供方提供的信息进行质量检查; (2)BIM 交付物审核应包括 2 个环节的审核工作,分别是交付物接收方审核和机场工程 BIM 咨询顾问组织的各方会审; (3)机场工程 BIM 咨询顾问以书面记录的方式把质量检查的结果提交建设方审阅,各关联方根据机场工程 BIM 咨询顾问的要求进行校核和调整; (4)对于不合格的交付物,将明确告知相关关联方不合格的情况和整改意见,由相关关联方进行整改; (5)全部验收合格的交付物及提供的信息,由模型整合责任单位汇总并提交给建设方
交付物审核结果归档	(1)审核结果意见:根据检查的内容,需要将最终的检查结果形成规范的格式文件并归档; (2)结果提交:形成的交付物审核报告应转换为规定文件格式,统一由机场工程 BIM 咨询顾问提交建设方,同时抄送给各关联方; (3)结果存档:交付物及其审核文件应作为该项目的成果文件上传至项目管理平台归档

7.5.2 交付物配置管理

交付物的配置管理应满足以下要求:

(1)统一、协调管理各个版本;

(2)有效记录不同版本的演变过程及对不同版本进行有效管理;

(3)保证不同版本在逻辑上的一致性和相对独立性,一个版本的产生和消失不会对其余版本的内容产生影响。

建筑信息模型及其他交付物的电子文件夹和文件,在交付过程中均应进行配置管理,应符合本书第 6 章的相关要求。

7.5.3　交付物发布

审核通过并经 BIM 实施甲方批准的 BIM 实施成果,应通过项目管理平台发布,机场工程 BIM 实施各关联方可以共享交付物和资源。

项目人员应通过受控的权限访问网络服务器上的 BIM 成果数据。所有 BIM 成果数据应存储在网络服务器上,并定期对其进行备份。

项目管理平台通过权限授权体系,对存储的模型、信息、文档进行严格的配置管理;对于重要文件的上传与共享,通过发起会签流程,经过关联方确认后提交到项目管理平台上进行发布,确保发布的信息具有法理性和多方认可度。

8　总结及展望

本系列标准于 2008 年 11 月发布了第 1 版，此后在标准执行过程中，根据项目实际需求及工程参建各方的反馈意见，对标准进行了多次修订，本系列标准是经过鄂州花湖机场工程设计、施工、竣工等建设阶段应用实践检验的项目级标准。

在本系列标准编制及修订过程中遵循的原则如下：

（1）继承、扩展

在本系列标准第 1 版发布之前，民航行业尚未发布 BIM 相关技术标准，但几年后住房和城乡建设部等发布了几项国家标准，如《建筑信息模型应用统一标准》（GB/T 51212—2016）、《建筑信息模型施工应用标准》（GB/T 51235—2017）、《建筑信息模型分类和编码标准》（GB/T 51269—2017），上述国家标准主要参考国际建筑工程有关 BIM 标准，同时兼顾交通、水利、能源等其他建设工程的 BIM 应用。这些国家标准作为总体性标准，主要对 BIM 应用提出了基本要求，在具体内容及条款上不可能面面俱到，因此本系列标准在遵循 BIM 国家标准的同时，对 BIM 应用内容及要求进行了细化和扩展，提出了从整个项目到单个构件自上而下的模型结构划分方法，建立了模型结构分类与编码、建模方式、属性信息、构件命名、造价信息等的映射关系，对 BIM 正向设计、BIM 施工指导、BIM 质量验评、BIM 计量支付、数字孪生交付等作出了具体规定。

（2）实用、落地

BIM 标准落地实施难是当前行业面临的共性问题，为破解这一难题，本项目在 BIM 应用过程中加强宣贯和执行力度，如在施工招标前召开 BIM 宣讲会，向业界明确传达 BIM 应用目标，将 BIM 标准中的相关要求纳入施工招标文件等；另外，还研发了构件数据库和族库管理系统，将标准中规定的模型结构、模型精度、建模方法、构件编码、属性信息等进行集成管理，遵循先入库再使用的动态扩展原则，再通过族库、模版库将构件信息进行固化，以指导模型创建，由此建立了从"标准定义→构件数据库动态扩展→族库、模版库信息固化→标准化建模"的规范化流程，有效解决了从 BIM 标准到模型创建的最后一公里问题。

（3）创新、引领

本项目 BIM 标准编制的总体思路是既要考虑行业整体发展水平及项目实际情况，又要适度超前，并具有一定的创新性，既立足于解决工程建设阶段的痛点和难点，又要着眼于资产数字化交付和未来的智慧运营。如果说 BIM 标准的实用性和落地性是基本要求，那么创新是解决当前 BIM 数据孤岛、价值不凸显、二三维两张皮等问题的必然选择。本项目 BIM 标准保障了全阶段、全业务、全专业、全参与的 BIM 技术应用，支撑了数字孪生建模和基于 BIM 的质量验评、计量支付等深度应用，BIM 标准在整个 BIM 应用过程中发挥了引领的作用。

在本书付梓出版之际，鄂州花湖机场已正式投入运营。工程实践表明，本项目 BIM 标准规范了 BIM 应用过程，保障了 BIM 成果质量，提高了工程建设管理水平，促进了多关联方、多专业的工作协同，实现了跨平台、跨阶段的多元数据融合，是控制工程投资、保障建设工期的有力抓手。

通过本项目的实施得出，BIM 技术还需在以下方面继续提升：

①进一步加强 BIM 技术在装配式建筑工程设计和生产中的应用。考虑到机场工程构件种类多，数量大，精度要求高，工艺较为复杂，需要大量的资金投入、较为成熟的设计施工水平以及生产人员的共同协作，从而形成完整的工业化产业链，这就需要政府和市场进一步促其发展。

②进一步增加 BIM 技术资源的培养投入并完善其成熟度评价机制。大型机场工程建设项目的工程数字化建造，离不开规划设计方、施工方以及后期运维团队等多方 BIM 技术资源的共同努力，当前虽然已通过建立项目级 BIM 技术标准体系对 BIM 资源进行技术成熟度评估，但该标准较为模糊。因此，有必要综合考虑各项工程及其各阶段、各专业的特点，BIM 应用的潜在价值，需要的团队能力等，建立相应的 BIM 应用标准与技术团队资质能力要求。

③进一步提高 BIM 技术应用水平。本项目中 BIM 应用仍以 BIM 工业设计、施工软件为主，相关技术人员的应用主要体现在软件操作上，但这会导致两方面的问题：一是 BIM 模型及数据信息在软件之间传递造成的部分信息流失，如设计模型、施工进度控制模型以及后期的运行维护模型信息之间必然存在模型信息重要性级别变化、模型精度要求不同等问题；二是民航机场工程建设存在大量传统房屋建筑工程没有的构件信息，难以在现有 BIM 软件中实现建模。因此，有必要合理应用工业基础类（IFC）BIM 应用软件共同的数据格式，开发适用于不同场景构件分类编码工具，将 BIM 技术应用水平从软件层面进一步提升。

同时作者也欣喜看到，民航领域 BIM 标准正在逐步完善，尤其分类与编码标准等数据类标准将为进一步推动 BIM 在民航领域应用提供支撑；相信在未来，随着民航 BIM 资源的完善，相关标准、政策的支持，BIM 技术必将在四型机场建设、数字孪生机场等关键领域中发挥越来越重要的作用。

附录 A：BIM 实施术语定义

A.1 术语定义

本标准的术语定义适用于湖北国际物流核心枢纽项目 BIM 实施范围。

湖北国际物流核心枢纽项目（Ezhou Hub Engineering）：鄂州花湖机场转运中心工程（简称转运中心工程）、鄂州花湖机场工程（简称机场工程）、鄂州花湖机场顺丰航空公司基地工程（简称顺丰航空基地工程）和供油工程等，简称"EHE"。

建筑信息模型（Building Information Modeling）：在建设工程及设施全生命期内，对其物理和功能特性进行数字化表达，并依此设计、施工、运营的过程和结果的总称；同时也是一个共享的知识资源，为项目全生命期内的决策提供可靠依据，简称"BIM"。

BIM 实施甲方（First Party of BIM-Consultant Project）：单项工程（例如机场工程）BIM 实施咨询项目的甲方。

样例：机场工程 BIM 实施咨询项目的合同委托方是湖北国际物流机场有限公司，即机场工程 BIM 实施甲方。

BIM 实施关联方（BIM-Stakeholder）：在 BIM 实施过程中承担任务的相关单位，包括 BIM 实施甲方、EHE-BIM 总咨询、单项工程 BIM 咨询顾问、工程设计顾问、单项工程设计总包、单项工程监理、单项工程施工总包、工程主供应商、单项工程运维等。

EHE-BIM 总咨询（BIM Consulting Service Provider for EHE）：EHE 项目 BIM 实施总体规划文件编制单位。

单项工程 BIM 咨询顾问（BIM Consulting Service Provider for a Single Project）：单项工程 BIM 实施咨询项目乙方。

机场工程 BIM 咨询顾问（BIM Consulting Service Provider for Airport Engineering）：机场工程 BIM 实施咨询项目乙方。

协同管理平台（Coordination Management Platform）：基于 BIM 技术开发的用于 BIM 实施关联方实现建筑全生命周期 BIM 模型共享、交换、管理及应用的软件平台，简称 CMP 平台，属于项目管理平台的一种。

BIM 模型结构（BIM Structure）：对一个完整的 BIM 模型按照工程、建造及构件等属性进行结构化分解而形成的体系框架,以便于后续模型的定义、识别、创建和使用。

工程(项目)(Project):按一个总体规划或设计进行建设的,由一个或若干个互有内在联系的单项工程组成的工程总和。

样例:"湖北国际物流核心枢纽工程"作为一个工程,由多个互相联系的单项工程组成,按照一个总体设计进行建设,由独立的组织实行统一管理。

单项工程(Sectional Works):工程的组成部分,但具有独立的设计文件,建成后能够独立发挥生产能力或工程效益的工程。

样例:"湖北国际物流核心枢纽工程"包含以下五个单项工程:①鄂州花湖机场转运中心工程,简称转运中心工程;②鄂州花湖机场工程,简称机场工程;③鄂州花湖机场顺丰航空公司基地工程,简称顺丰航空基地工程;④供油工程;⑤走马湖水系综合治理工程。

单位工程(Unit Works):单项工程的组成部分,具备独立施工条件、功能相对独立的工程。

样例:全场地基处理与土石方工程、飞行区场道工程、航站楼及楼前停车场以及市政道路工程等单位工程组成湖北国际物流核心枢纽项目机场工程。

子单位工程(Subunit Works):单位工程的组成部分,从复杂的单位工程中单独划分出来,但具有独立的设计文件,以便于施工、管理、资金控制的能形成独立使用功能的部分。

样例:单位工程助航灯光工程由子单位工程助航灯光工艺、灯光中心站及场务与飞管部业务用房、1#灯光站工程及地面服务部业务用房、2#灯光站工程和3#灯光站工程组成。

阶段(Project Phase):两个主要里程碑之间的时间段,系按照工程的基本建设程序,根据工程建设实际情况和管理需要,以及设计深度与施工进程对工程建设期进行划分。

样例:方案设计、初步设计、施工图设计、施工准备、施工实施、竣工等阶段。

专业(Specialty):按不同的工程技术领域,将某一阶段内的设计工作范围划分为若干个组成单元。

样例:岩土专业、场道专业、建筑专业、结构专业、暖通专业等。

子专业(Subspecialty):专业的组成部分,系按不同的专业细分技术内容将专业再划分为若干个细分组成单元。

样例:建筑专业_门窗工程。

二级子专业(Secondary Subspecialty):子专业的组成部分,系按不同的专业细分技术内容将子专业再划分为若干个细分组成单元。

样例:建筑专业_门窗工程_门。

系统（System）：如果由多个子系统按照一定的业务技术规则进行系统集成或功能整合而构成一个更加完整的业务技术体系。

样例：暖通系统（包含送排风、防排烟、空调水等子系统）。

子系统（Subsystem）：由能够完成一种或者几种业务功能的多个设备按照一定的规则装配组合在一起的技术结构。

样例：暖通系统_防排烟系统。

建筑（工程）构件（Building Component）：构成建筑物整体的各个物理元素。如果把建筑物看成是一个完整产品，那建筑构件就是组成建筑产品的各个部件。建筑物中的构件主要有：楼（屋）面、墙体、柱子、管路系统、机电设备等。

样例：一扇 M0921 的门、一根 300mm×600mm 的梁、一个活塞式冷水机组-1336kW 设备、一根 DN100 水管、一块 5m 左右的水泥混凝土铺面面层方块等均为一个建筑（工程）构件。

BIM 模型构件（BIM Component）：承载建筑（工程）构件相关信息（属性/参数）的数据载体，是 BIM 工具操作处理的软件实体，即建筑（工程）构件的数字化载体与虚拟展示。

样例：一扇 M0921 的门、一根 300mm×600mm 的梁、一个活塞式冷水机组-1336kW 设备、一根 DN100 水管、一块 5m 左右的水泥混凝土铺面面层方块等的 BIM 信息载体均为一个 BIM 模型构件。

建筑（工程）构件单元（Project Unit）：一个或多个建筑（工程）构件的组合。

样例：一个典型的办公室家具建筑（工程）构件单元，由沙发、茶几、办公桌、办公椅等建筑（工程）构件组合而成。

BIM 模型构件单元（Model Unit）：一个或多个 BIM 模型构件的组合。

样例：一个典型的办公室家具 BIM 模型构件单元，由沙发、茶几、办公桌、办公椅等 BIM 模型构件组合而成。

对应软件：Revit-组（Group），ABD-单元（Cell），ORD-单元（Cell）。其中 Revit 是 Autodesk Revit 软件的简称，ABD 是 OpenBuilding Designer 软件的简称，ORD 是 Open-Roads Designer 软件的简称。

构件（Component）：如无特殊说明，本规范中所述及的"构件/Component"均指 BIM 模型构件。

样例：一扇 M0921 的门、一根 300mm×600mm 的梁、一个活塞式冷水机组-1336kW 设备、一根 DN100 水管、一块 5m 左右的水泥混凝土铺面面层方块等均为一个构件。

对应软件：Revit-构件（Component），ABD-元素（Element），ORD-元素（Element）。

构件类别（Component Category）：系按建筑功能、材料设备、施工工艺、空间位置、防火性能、技术规格等因素分类的同一维度的构件集合。

样例：门类别（区别于其他建筑构件类别，如梁类别、窗类别、柱类别等）、（道面）铺面。

对应软件：Revit-类别（Category），ABD-对象类型（Catalog Type）。

构件族/构件子类别（Component Subcategory）：同一构件类别内的具有不同属性设置组合的构件的集合，是构件类别的子类别。如组成梁构件类别的框架梁、框支梁、暗梁、深梁、连梁等构件，对应 Revit 软件的构件族层级。一个构件类别有多个不同的构件子类别。

样例：门_防火卷帘门（RFA 格式）、（道面）铺面_面层，其中 RFA 为 Revit 族的文件格式。

对应软件：Revit- Revit 族（Revit Family），ABD-对象型号（Catalog Item）。

构件类型（Component Type）：对于同一构件族/构件子类别（相同属性设置）进行不同属性规格赋值的构件的集合。一个构件族/构件子类别可以有多个不同的构件类型。

样例：门_防火卷帘门_JM2440、门_防火卷帘门_JM3240、（道面）铺面_面层_水泥混凝土面层方块。

对应软件：Revit-族类型（Family Type），ABD-参数（Parameter）。

构件实例（Component Instance）：同一种构件类型可以在建筑信息模型中的多处派生出建筑工程构件实物，每一个派生实物即是该构件类型的一个实例。在工程实施阶段该构件实例将实物化并产生带有施工编码的实物工程量和相应造价。

样例：建筑物地下一层的某个具体位置的门_防火卷帘门_JM2440、道面一块 5m 左右的（道面）铺面_面层_水泥混凝土面层方块均为一个构件实例，其具有唯一性。

对应软件：Revit-实例（Instance），ABD-元素（Element），ORD-元素（Element）。

对象（Object）：BIM 中的"对象"是"模型构件"的计算机软件术语。

对应软件：Revit-对象（Object），ABD-对象（Object），ORD-对象（Object）。

图元（Element）：BIM 模型在 BIM 工具平台上的 2D/3D 具象展现，包括模型构件图元、基准图元和标注图元等。

对应软件：Revit-图元（Element），ABD-图元（Element），ORD-元素（Element）。

模型元素（Model Element）：建筑信息模型的基本组成成分，组成数据对象的基本单位。

样例：立方体中的线、面即元素。

对应软件：Revit-元素（Element），ABD-元素（Element），ORD-元素（Element）。

资源库（Resource Library）：在 BIM 实施过程中开发、积累并经过加工处理，形成可重复利用 BIM 资源的管理平台。

对应软件：Revit- Revit 内容包（Revit Content Pack），ABD-工作空间（Work Space），

ORD-工作空间（Work Space）。

构件集（Component Set）：建筑信息模型中承载建筑信息的实体及其相关属性的基本对象或组件。

对应软件：Revit-Revit 族，Bentley-构件，PDMS-元件，MagiCAD-产品。

构件库（Component Library）：对标准构件（根据专业特征和使用特点进行分类和编码后形成的可反复利用 BIM 构件）进行管理的系统。

对应软件：Revit- Revit 族库（Revit Family Library），ABD-构件库（Object），ORD-模板库（Template Library）。

样板文件（BIM Templates）：根据项目积累形成的样板文件，是创建自定义标准文件的总称，包括项目样板、构件族/构件子类别样板等。

对应软件：Revit-样板文件（Template File），ABD-种子（Seed），ORD-种子（Seed）。

项目样板（Project Templates）：一种提高绘图效率，统一绘图标准，保证出图质量，在项目开始前根据项目特点预制的样板文件，兼具统一性与特殊性。

样例：机场工程建筑专业 BIM 项目样板文件（RTE 格式），其中 RTE 为 Revit 项目样板的文件格式。

对应软件：Revit-项目样板（Project Template），ABD-种子（Seed），ORD-种子（Seed）。

构件族样板/构件子类别样板（Family Templates）：构件族相当于一个构件模板，其中包含在开始创建构件族时以及在项目中放置构件族时所需要的信息。

样例：基于墙的构件族样板文件（RFT 格式），其中 RFT 为 Revit 族样板的文件格式。

对应软件：Revit-族样板。

代码（Code）：给编码对象赋予的一个或一组字符，这些参数优先选用阿拉伯数字，其次为拉丁字母或便于人和机器识别与处理的其他符号。

建筑产品（Construction Products）：在建筑工程建设和使用全过程中，永久结合到建筑实体中的产品，包括各种材料、设备以及它们的组合。

编码（Coding）：给事物或概念赋予代码的过程，同类事物或概念的编码应具有可识别性和唯一性。

构件编码（Code of Component）：由构件的项目管理属性代码组、设计管理属性代码组、构件管理属性代码组、构件实例属性代码组四个代码组构成，不同代码组中间以"_"连接，是标准构件包含的所有信息集合的唯一标识。

分类编码（Classified Code）：由构件的专业代码、子专业代码、二级子专业代码、构件类别代码、构件子类别代码和构件类型代码组成，为构件编码中的一部分。

BIM 模型构件分类（Classifying of BIM Component）：以特定的一种或多种 BIM 构件

属性特征,采用混合分类法对 BIM 构件进行归类和排序,形成的满足特定用途的模型结构体系。

线性分类法(Method of Systematic Classification):将初始的分类对象,按照选定的属性作为划分基础,按选定的若干属性(或特征)将分类对象逐次地分为若干层级,每个层级又划分为若干类目,并排列成一个有层次的、逐级展开的分类体系。同一分支的同层级类目之间构成并列关系,不同层级类目之间构成隶属关系,因此,线性分类法也称层级分类法。

面分类法(Method of Faceted Classification):面分类法是将所选定的分类对象的若干属性或特征视为若干个"面",每个"面"中又可分成彼此独立的若干个类目。使用时,可根据需要将这些"面"中的类目组合在一起,形成一个复合类目。

混合分类法(Method of Multiple Classification):将线分类法和面分类法组合使用,以其中一种分类法为主,另一种做补充的信息分类方法。

项目管理属性(Property of Project Management):由工程、单项工程、单位工程、子单位工程组成。

设计管理属性(Property of Design Management):由阶段、专业、子专业、二级子专业组成。

构件管理属性(Property of Component Management):由构件类别、构件族/构件子类别、构件类型组成。

构件实例属性(Property of Instance):定义构件实例的唯一性。此唯一性可通过构件实例的顺序表示。

工业基础分类(Industry Foundation Classes standard):简称 IFC,是国际协同联盟 IAI(International Alliance for Interoperability)发布的标准,是计算机可处理的建筑数据表达和交换标准。

信息交付手册(Information Delivery Manual):简称 IDM,数据交换是针对某个具体项目中的某一个或某几个工作环节或者几个应用软件之间的交流,而识别每一个这样信息交换所需要的 IFC 中的内容就可以用信息交付手册来完成。

模型视图定义(Model View Definition):简称 MVD,可将信息交互需求按 IFC 数据格式在软件中实现。

业务流程建模与标注(Business Process Modeling Notation):简称 BPMN,用于构建业务流程图的一种建模语言标准。

BIM 资源库管理员(BIM Resource Library Administrator):在 BIM 资源库中,具有最高资源管理权限的角色。

岩土工程信息模型(Geotechnical Engineering Information Model):简称 GIM,是基于

勘察工作，将反映场地工程地质和岩土工程的相关信息数据集合起来构成的三维数字化模型，具备数据共享、传递和协同功能。

数字高程模型（Digital Elevation Model DEM）：用一组有序数值阵列形式表示地面高程的一种数字地面模型。

地表信息模型（Terrain Information Model）：反映拟建场地地表以上地形、地物特征等相关数据信息的数字模型，为岩土工程信息模型的一部分。

工程地质信息模型（Engineering Geology Information Model）：反映拟建场地工程地质信息的数字模型，为岩土工程信息模型的一部分。

岩土工程设计信息模型（Geotechnical Design Information Model）：反映拟建场地边坡、基坑及地基处理等相关设计数据信息的数字模型，为岩土工程信息模型的一部分。

下部工程（Lower Engineering）：指地面及深入地面以下为开发利用地下空间资源所建造的地下工程，包括综合管廊、地下综合管网等。

几何表达精度（Level of Geometric Detail）：模型构件单元在视觉呈现时，几何表达真实性和精确性的衡量指标。

信息深度（Level of Information Detail）：模型构件单元承载属性信息详细程度的衡量指标。

模型精度（Level of Model Definition）：模型包含的模型构件单元内容以及每一个模型构件单元几何信息和属性信息的详细程度。

空间占位（Space Occupation）：建筑物或构配件在三维空间的指定位置上，于各方向上所占用的最大空间。

模型容差（Model Tolerance）：模型构件单元与所描述的实际工程对象之间的容许偏差。

体量（Mass）：以几何形体或组合表示的建筑物或构配件的空间形状和大小。

建筑信息模型软件（BIM Software）：对建筑信息模型进行创建、使用、管理的软件，简称 BIM 软件。BIM 软件可分为 BIM 建模软件、BIM 应用软件两种类型。

BIM 建模软件（BIM Authoring Software）：用于模型创建的软件，其模型创建成果是进行 BIM 技术应用的数据基础，简称建模软件。

BIM 应用软件（BIM Application Software）：利用 BIM 建模软件创建的 BIM 模型，开展分析、展现等工作的应用软件，简称应用软件。

交付（Delivery）：根据工程项目的应用需求，将设计和施工信息传递给需求方的行为。

应用需求（Application Requirements）：依据工程操作目标而确定的对于建筑信息模型的需求。

交付物/交付要件（Deliverable）：基于建筑信息模型交付的成果。

协同（Collaboration）：基于建筑信息模型进行数据共享及相互操作的过程。

配置管理（Configuration Management）：对交付物的演变过程进行记录和维护，确保交付物的一致性和可追溯性，使其最大限度地满足 BIM 实施应用需求的一系列管理手段。

验收（Acceptance）：机场工程 BIM 成果在设计或施工单位自行检查合格的基础上，由机场工程 BIM 咨询顾问组织，BIM 实施甲方签认，对专业、子单位工程、单位工程、标段的 BIM 成果进行审核，并根据相关标准对 BIM 成果是否达到合格作出确认。

A.2　术语缩略语

术语缩略语见表 A-1。

表 A-1　中英文术语缩略语对照表

序号	术语	英文	中文拼音缩略语	英文缩略语
1	湖北国际物流核心枢纽项目	Ezhou Hub Engineering	HBGJSN	EHE
2	建筑信息模型	Building Information Model	JZXXMX	BIM
3	BIM 实施关联方	BIM-Stakeholder	BIM-GLF	BIM-SH
4	BIM 实施甲方	First Party of BIM- Consultant Project	BIM-JF	BIM-FP
5	EHE-BIM 总咨询	BIM Consulting Service Provider for EHE	BIM-ZZX	BIM-CPE
6	单项工程 BIM 咨询顾问	BIM Consulting Service Provider for a Single Project	BIM-DXZX	BIM-CPS
7	机场工程 BIM 咨询顾问	BIM Consulting Service Provider for Airport Engineering	BIM-ZXJC	BIM-CPA
8	协同管理平台	Coordination Management Platform	XTPT	CMP
9	BIM 模型结构	BIM Structure	BIM-JG	BIM-S
10	工程（项目）	Project	GC	P
11	单项工程	Sectional Works	DXGC	SW
12	单位工程	Unit Works	DWGC	UW
13	子单位工程	Subunit Works	ZDWGC	SUW
14	阶段	Project Phase	JD	PP
15	专业	Specialty	ZY	Pro
16	子专业	Subspecialty	ZZY	PE
17	二级子专业	Secondary Subspecialty	EZZY	SPE
18	系统	System	XT	ST

续表 A-1

序号	术语	英文	中文拼音缩略语	英文缩略语
19	子系统	Subsystem	ZXT	SST
20	建筑(工程)构件	Building Component	JZGJ	BC
21	BIM 模型构件	BIM Component	MXGJ	BIM-Co
22	建筑(工程)构件单元	Project Unit	JZGJDY	PU
23	BIM 模型构件单元	Model Unit	MXGJDY	MU
24	构件	Component	GJ	Cp
25	构件类别	Component Category	GJLB	CpC
26	构件族/构件子类别	Component Family/Component Subcategory	GJZ	CpF
27	构件类型	Component Type	GJLX	CpT
28	构件实例	Component Instance	GJSL	CpI
29	对象	Object	DX	Ob
30	图元	Element	TY	EM
31	模型元素	Model Element	MXYS	ME
32	资源库	Resource Library	ZYK	BIM-RL
33	构件集	Component Set	GJJ	BIM-CS
34	构件库	Component Library	GJK	BIM-CL
35	样板文件	BIM Templates	BIM-YB	BIM-T
36	项目样板	Project Templates	XMYB	PT
37	构件族样板/构件子类别样板	Family Templates	GJZYB	FT
38	代码	Code	DM	Cd
39	建筑产品	Construction Products	JZCP	CP
40	编码	Coding	BM	Cdg
41	构件编码	Code of Component	GJBM	CCp
42	分类编码	Classified Code	FLBM	CCd
43	BIM 模型构件分类	Classifying of BIM Component	GJFL	CBC
44	线性分类法	Method of Systematic Classification	XF	MOSC
45	面分类法	Method of Faceted Classification	MF	MOFC
46	混合分类法	Method of Multiple Classification	HF	MOMC
47	项目管理属性	Property of Project Management	XGSX	POPM
48	设计管理属性	Property of Design Management	SGSX	PODM

表 A-1

序号	术语	英文	中文拼音缩略语	英文缩略语
49	构件管理属性	Property of Component Management	GGSX	POCM
50	构件实例属性	Property of Instance	GSSX	POI
51	工业基础分类	Industry Foundation Classes standard	GJFL	IFC
52	信息交付手册	Information Delivery Manual	XJSC	IDM
53	模型视图定义	Model View Definition	MSDY	MVD
54	业务流程建模与标注	Business Process Modeling Notation	YLJB	BPMN
55	BIM 资源库管理员	BIM Resource Library Administrator	BIM-ZGLY	BIM-RLA
56	岩土工程信息模型	Geotechnical Engineering Information Model	YTGCXXMX	GEIM
57	数字高程模型	Digital Elevation Model DEM	SZGCMX	DEMD
58	地表信息模型	Terrain Information Model	DBXXMX	TIM
59	工程地质信息模型	Engineering Geology Information Model	GCDZXXMX	EGIM
60	岩土工程设计信息模型	Geotechnical Design Information Model	YTGCSJXXMX	GDIM
61	下部工程	Lower Engineering	XBGC	LE
62	几何表达精度	Level of Geometric Detail	JHJD	LOGD
63	信息深度	Level of Information Detail	XXSD	LOID
64	模型精度	Level of Model Definition	MXJD	LOMD
65	空间占位	Space Occupation	KJZW	SO
66	模型容差	Model Tolerance	MXRC	MT
67	体量	Mass	TL	Mas
68	建筑信息模型软件	BIM Software	BIM-RJ	BIM-S
69	BIM 建模软件	BIM Authoring Software	BIM-JMRJ	BIM-AS
70	BIM 应用软件	BIM Application Software	BIM-YYRJ	BIM-ApS
71	交付	Delivery	JF	Dlvr
72	应用需求	Application Requirements	YYXQ	AR
73	交付物 /交付要件	Deliverable	JFW	Dlvrb
74	协同	Collaboration	XT	Clb
75	配置管理	Configuration Management	PZGL	CM
76	验收	Acceptance	YS	Acc

附录 B：BIM 模型构件信息表

各专业 BIM 模型构件信息表中的模型结构只体现专业、子专业、二级子专业、构件类别、构件子类别、构件类型，受篇幅限制，本书构件信息表内容仅为节选。表 B-1 至表 B-29 所示信息表样表中未注明的长度和厚度单位均为毫米。

表 B-1　总图专业 BIM 模型构件信息表样表

专业	子专业	二级子专业	构件类别	构件子类别	构件类型	分类编码	构件属性
总图	地形（现状）	地形（现状）	地形	地形	塔台小区地形	01.01.01_01.0001.0001	等高线间距、高程系
	构筑物	构筑物	水池	化粪池	化粪池 1	01.02.01_01.0001.0001	尺寸、材质、有效容量
				事故油池	油池 1	01.02.01_01.0002.0001	尺寸、材质、有效容量
				蓄水池	蓄水池 1	01.02.01_01.0003.0001	尺寸、材质、有效容量
			岗亭	成品岗亭	2000×500×2700	01.02.01_02.0001.0001	尺寸、材质
			附属设施	阳光棚	棚 1-8	01.02.01_03.0001.0001	构造做法、尺寸、规格、材质
				消防砂池	消防砂池 1	01.02.01_03.0002.0001	尺寸、材质
			独立基础	阶形基础	DJJ01-1200/800	01.02.01_04.0001.0001	宽度、长度、高度、抗渗等级、材质（结构材质）、基础编号
	停车场	停车场	停车场	路缘石	10	01.03.01_01.0001.0001	尺寸、构造做法（基础材料和厚度）
				停车位	2500×6000	01.03.01_01.0002.0001	尺寸、材质
				停车挡	500×165×150	01.03.01_01.0003.0001	尺寸、材质
			停车位标识	充电头标识	1	01.03.01_02.0001.0001	材质、尺寸

续表 B-1

专业	子专业	二级子专业	构件类别	构件子类别	构件类型	分类编码	构件属性
总图	附属设施	附属设施	围墙设施	基础	基础1	01.04.01_01.0001.0001	材料做法、厚度、面积、体积、结构材质
				围墙	砖砌围墙	01.04.01_01.0002.0001	材料做法、厚度、面积、体积、结构材质
				大门	大门1	01.04.01_01.0003.0001	材质、宽度、高度
				基础垫层	100	01.04.01_01.0004.0001	材料做法、厚度、面积、体积、材质
				围墙栏杆	2100	01.04.01_01.0005.0001	尺寸、规格、材质
			室外大门	电动平开钢门	DPMB2021	01.04.01_15.0001.0001	宽度、高度、尺寸、材质

表 B-2　建筑专业 BIM 模型构件信息表样表

专业	子专业	二级子专业	构件类别	构件子类别	构件类型	分类编码	构件属性
建筑	台阶与坡道	台阶与坡道	台阶	大理石台阶	台阶1	02.01.01_01.0001.0001	构造做法、尺寸、体积、踏板材质、踏板厚度、踢面材质、踢面厚度
				水泥砂浆台阶	台阶1	02.01.01_01.0002.0001	构造做法、尺寸、体积、踏板材质、踏板厚度、踢面材质、踢面厚度
			台阶挡墙	台阶挡墙	500	02.01.01_02.0001.0001	构造做法、尺寸、体积、长度、无连接高度、结构材质
	散水	散水	散水	细石混凝土散水	800	02.02.01_01.0001.0001	构造做法、尺寸、坡度、体积、面积、结构材质
				混合砂浆基层	1050	02.02.01_01.0002.0001	材质、构造做法（图集号）
	楼地面	楼地面附属构件	地沟	排水沟	300×400	02.03.01_01.0001.0001	构造做法、图集号、尺寸、体积、长度、结构材质
				电缆沟	500×300	02.03.01_01.0002.0001	构造做法、图集号、尺寸、体积、长度、结构材质
			盖板及箅子	盖板	300×200	02.03.01_02.0001.0001	图集号、尺寸、材质
				箅子	300×200	02.03.01_02.0002.0001	图集号、尺寸、材质

续表 B-2

专业	子专业	二级子专业	构件类别	构件子类别	构件类型	分类编码	构件属性
建筑	墙体	墙体	基墙	轻质条板墙	100	02.04.01_01.0001.0001	构造做法、砌块等级、砂浆等级、尺寸、体积、长度、面积、无连接高度、结构材质
				烧结页岩砖墙	200	02.04.01_01.0002.0001	构造做法、砌块等级、砂浆等级、尺寸、体积、长度、面积、无连接高度、结构材质
				素混凝土墙	100	02.04.01_01.0003.0001	构造做法
			外饰面	铝单板墙面	外墙 1-30	02.04.01_02.0001.0001	构造做法、尺寸、厚度、体积、长度、面积、无连接高度、结构材质
				乳胶漆墙面	外墙 1-30	02.04.01_02.0002.0001	构造做法、尺寸、厚度、体积、长度、面积、无连接高度、结构材质

表 B-3　结构专业 BIM 模型构件信息表样表

专业	子专业	二级子专业	构件类别	构件子类别	构件类型	分类编码	构件属性
结构	结构基础	结构基础	独立基础	阶形基础	DJJ01-300/300	03.01.01_01.0001.0001	宽度、长度、高度、抗渗等级、材质(结构材质)、基础编号
				坡形基础	DJP01-300/300	03.01.01_01.0002.0001	宽度、长度、高度、抗渗等级、材质(结构材质)、基础编号
			条形基础	阶形基础	TJBJ01-300/300	03.01.01_02.0001.0001	材质(结构材质)、基底宽度、基底高度、基顶宽度、基顶高度、基础编号、长度、抗渗等级

专业	子专业	二级子专业	构件类别	构件子类别	构件类型	分类编码	构件属性
结构	混凝土结构	混凝土结构	墙	地下室外墙	200-C40	03.02.01_01.0001.0001	抗裂等级、抗渗等级、厚度、长度、面积、体积、结构材质
				地下室内墙	200-C40	03.02.01_01.0002.0001	抗裂等级、抗渗等级、厚度、长度、面积、体积、结构材质
			梁	等截面矩形梁	250×500	03.02.01_02.0001.0001	尺寸、抗裂等级、长度、体积、结构材质
				变截面矩形梁	600×1200/600	03.02.01_02.0002.0001	材质（结构材质）
		附属构件	后浇带	梁后浇带	400×900	03.02.02_01.0001.0001	外添加剂、体积、长度、结构材质
				板后浇带	120-C35	03.02.02_01.0002.0001	外添加剂、体积、面积、结构材质
			反坎	反坎	反坎1	03.02.02_02.0001.0001	尺寸、抗裂等级、结构材质、体积
			止水带	橡胶止水带	300×10	03.02.02_03.0001.0001	尺寸、规格、结构材质、体积
				钢板止水带	300×3	03.02.02_03.0002.0001	尺寸、规格、结构材质、体积
			构造板	构造板	构造板1	03.02.02_04.0001.0001	材质（结构材质）
			天沟	L形天沟	400×300×100	03.02.02_05.0001.0001	材质（结构材质）
	预埋构件	预埋构件	预埋套管	刚性套管	不锈钢套管-DN100	03.03.01_01.0001.0001	尺寸、材质
				柔性套管	不锈钢套管-DN100	03.03.01_01.0002.0001	尺寸、规格、材质
			预埋构件	预埋吊环	∅10	03.03.01_02.0001.0001	尺寸、规格、材质
				预埋钢板	400×600×10	03.03.01_02.0002.0001	尺寸、规格、材质

表 B-4　给排水专业 BIM 模型构件信息表样表

专业	子专业	二级子专业	构件类别	构件子类别	构件类型	分类编码	构件属性
给排水	给水系统	给水系统设备	水箱	生活水箱	18m³-给水系统设备	04.01.01_01.0001.0001	尺寸、容积、出水口公称直径、材质
				膨胀水箱	1m³-给水系统设备	04.01.01_01.0002.0001	尺寸、容积、出水口公称直径、材质
			水泵	立式离心泵（变频）	45kW-80m-40m³/h-给水系统设备	04.01.01_02.0001.0001	规格、转速、减振底座形式、备用情况、编号、重量、压力等级
				立式离心泵（工频）	45kW-80m-40L/s-给水系统设备	04.01.01_02.0002.0001	规格、转速、减振底座形式、备用情况、编号、重量、压力等级
		给水系统	管道	市政给水系统	钢塑复合管-热熔	04.01.02_01.0001.0001	直径、材质、规格/类型（或压力等级）、内径、外径（折算壁厚）、长度、系统类型、坡度
				生活加压给水系统	胶圈电熔双密封聚乙烯复合管-电熔	04.01.02_01.0002.0001	直径、材质、规格/类型（或压力等级）、内径、外径（折算壁厚）、长度、系统类型、坡度
			管件	等径弯头-热熔	PP-R 给水管	04.01.02_02.0001.0001	压力等级、公称直径、系统类型
	中水系统	中水系统	管道	中水处理系统	Q235B 无缝钢管-焊接	04.02.01_01.0001.0001	直径、材质、规格/类型（或压力等级）、内径、外径（折算壁厚）、长度、系统类型、坡度
				中水供水系统	球墨铸铁管-承插	04.02.01_01.0002.0001	直径、材质、规格/类型（或压力等级）、内径、外径（折算壁厚）、长度、系统类型、坡度
			保温层	难燃橡塑保温	1	04.02.01_06.0001.0001	燃烧性能等级、容重、隔热层厚度
				玻璃纤维保温	1	04.02.01_06.0002.0001	燃烧性能等级、容重、隔热层厚度
		中水系统设备	水箱	生活水箱	18m³-中水系统设备	04.02.02_01.0001.0001	尺寸、容积、出水口公称直径、材质
				膨胀水箱	1m³-中水系统设备	04.02.02_01.0002.0001	尺寸、容积、出水口公称直径、材质
			水泵	简易移动潜水泵	45kW-80m-40L/s-中水系统设备	04.02.02_02.0001.0001	规格、转速、减振底座形式、备用情况、编号、重量、压力等级
				屏蔽泵	45kW-80m-40L/s-中水系统设备	04.02.02_02.0002.0001	规格、转速、减振底座形式、备用情况、编号、重量、压力等级

表 B-5　暖通专业 BIM 模型构件信息表样表

专业	子专业	二级子专业	构件类别	构件子类别	构件类型	分类编码	构件属性
暖通	供暖系统	供暖系统设备	换热设备	板式换热器	100kW-供暖系统设备	05.01.01_01.0001.0001	规格、换热面积、进水温度、出水温度、工作压力、设备编号、功率、型号
				板式换热机组	100kW-供暖系统设备	05.01.01_01.0002.0001	规格、换热面积、进水温度、出水温度、工作压力、设备编号、功率、型号
			热力检查井	热力检查井	1200×1200-供暖系统设备	05.01.01_02.0001.0001	尺寸、井口坐标、人孔井地面荷载、深度、编号
		供暖子系统	管道	采暖供水系统	内外热镀锌钢管-螺纹	05.01.02_01.0001.0001	直径、材质、规格/类型（或压力等级）、内径、外径（折算壁厚）、长度、系统类型、坡度
				采暖补水系统	内外热镀锌钢管-螺纹	05.01.02_01.0002.0001	直径、材质、规格/类型（或压力等级）、内径、外径（折算壁厚）、长度、系统类型、坡度
	通风系统	通风系统设备	风机	离心风机箱	1500m³/h-300Pa-通风系统设备	05.02.01_01.0001.0001	余压（或全压或静压）、功率、电压、噪声、效率、设备编号、重量、转速、频率
				双速离心风机箱	1500m³/h-300Pa-通风系统设备	05.02.01_01.0002.0001	余压（或全压或静压）、功率、电压、噪声、效率、设备编号、重量、转速、频率
	防排烟系统	防排烟系统设备	风机	离心风机箱	1500m³/h-300Pa-防排烟系统设备	05.03.01_01.0001.0001	余压（全压或静压）、功率、电压、长度、设备编号、噪声、效率、重量、频率、转速
				轴流风机	1500m³/h-300Pa-防排烟系统设备	05.03.01_01.0004.0001	余压（全压或静压）、功率、电压、长度、设备编号、噪声、效率、重量、频率、转速
		防排烟子系统	风管	排烟系统	矩形风管-镀锌钢板	05.03.02_01.0001.0001	风管钢板厚度、防火包裹材质、耐火极限要求、封口材料、系统类型、直径、宽度、高度、面积

表 B-6　电气专业 BIM 模型构件信息表样表

专业	子专业	二级子专业	构件类别	构件子类别	构件类型	分类编码	构件属性
电气	供配电系统	高压配电系统	开关柜	高压开关柜环网型	800×1000×2200-高压配电系统	06.01.01_01.0001.0001	名称、尺寸、系统类型、规格、型号、电压等级、编号（系统图编号）
				高压开关柜中置型	800×1500×2200-高压配电系统	06.01.01_01.0002.0001	名称、尺寸、系统类型、规格、型号、电压等级、编号（系统图编号）
			中性点设备	中性点成套装置	110kV-高压配电系统	06.01.01_02.0001.0001	名称、电压、系统类型、规格、型号、图纸链接、编号（系统图编号）
		低压配电系统（普通电力）	低压配电箱（普通电力）	照明配电箱	300×500×160-低压配电系统（普通电力）	06.01.02_01.0001.0001	名称、系统类型、规格、型号、尺寸、额定电压、材质、编号（系统图编号）、安装方式
				家居配电箱	300×500×160-低压配电系统（普通电力）	06.01.02_01.0002.0001	名称、规格、型号、安装方式、额定电压、材质、编号（按照系统图编号）
			设备	电动开窗器	螺杆型-低压配电系统（普通电力）	06.01.02_02.0001.0001	名称、系统类型、驱动方式、规格、型号、额定电压、材质
				电动开门器	电机型-低压配电系统（普通电力）	06.01.02_02.0002.0001	名称、系统类型、驱动方式、规格、型号、额定电压、材质
	照明系统	普通照明系统	室内照明灯具（不含装饰灯具）	紫外线杀菌灯	24W-普通照明系统	06.02.01_01.0001.0001	功率、系统类型、规格、型号、电压
				防爆灯	18W-普通照明系统	06.02.01_01.0002.0001	功率、系统类型、规格、型号、电压
			线管		JDG 薄壁钢管	06.02.01_04.0001.0001	直径、材质、规格、长度、电气系统编号-回路编号
			线缆配件	照明配电线管	WDZCN-BYJ-3×4-智能应急疏散照明系统	06.02.03_02.0001.0001	
	防雷与接地系统	防雷与接地系统	屋面防雷系统	接闪带-镀锌圆钢	⌀10-防雷与接地系统	06.03.01_01.0001.0001	系统类型、尺寸、材质
				接闪带-镀锌扁钢	50×6-防雷与接地系统	06.03.01_01.0002.0001	系统类型、尺寸、材质

表 B-7　智能化专业 BIM 模型构件信息表样表

专业	子专业	二级子专业	构件类别	构件子类别	构件类型	分类编码	构件属性
智能化	信息设施系统	综合布线系统	桥架	综合布线桥架	梯架式-镀锌	07.01.01_01.0001.0001	系统类型、材质、型号、规格、宽度、高度、电气系统编号
				室内覆盖桥架	梯架式-镀锌	07.01.01_01.0002.0001	系统类型、材质、型号、规格、宽度、高度、电气系统编号
			桥架配件	槽式-垂直等径上弯通	镀锌-综合布线桥架	07.01.01_02.0001.0001	系统类型、材质、型号、规格、宽度、高度、电气系统编号
				槽式-垂直等径下弯通	镀锌-综合布线桥架	07.01.01_02.0002.0001	系统类型、材质、型号、规格、宽度、高度、电气系统编号
		有线电视系统	线缆	电缆	ZR-RVS-2×2.5-有线电视系统	07.01.02_01.0001.0001	—
			线管	有线电视线管	JDG 薄壁钢管	07.01.02_02.0001.0001	直径、材质、规格、长度、电气系统编号
			线管配件	弯头	JDG-有线电视线管	07.01.02_03.0001.0001	直径、材质、规格、长度、系统类型、电气系统编号
				接线盒三通	JDG-有线电视线管	07.01.02_03.0002.0001	直径、材质、规格、长度、系统类型、电气系统编号
	公共安全系统	视频监控	线缆	电缆	ZR-RVS-2×2.5-视频监控	07.02.01_01.0001.0001	—
			线管	视频监控线管	JDG 薄壁钢管	07.02.01_02.0001.0001	直径、材质、规格、长度、电气系统编号
			线管配件	弯头	JDG-视频监控线管	07.02.01_03.0001.0001	直径、材质、规格、长度、系统类型、电气系统编号
				接线盒三通	JDG-视频监控线管	07.02.01_03.0002.0001	直径、材质、规格、长度、系统类型、电气系统编号
	机房工程	功能中心工程	线缆	电缆	ZR-RVS-2×2.5-功能中心工程	07.03.01_01.0001.0001	—
			线管	功能中心线管	JDG 薄壁钢管	07.03.01_02.0001.0001	直径、材质、规格、长度、电气系统编号
			线管配件	弯头	JDG-功能中心线管	07.03.01_03.0001.0001	直径、材质、规格、长度、系统类型、电气系统编号
				接线盒三通	JDG-功能中心线管	07.03.01_03.0002.0001	直径、材质、规格、长度、系统类型、电气系统编号

表 B-8　内装专业 BIM 模型构件信息表样表

专业	子专业	二级子专业	构件类别	构件子类别	构件类型	分类编码	构件属性
内装	楼地面	楼地面	地面	水泥砂浆地面	地 1-50	08.01.01_01.0001.0001	构造做法、尺寸、面积、厚度、结构材质
				现浇水磨石地面	地 1-50	08.01.01_01.0002.0001	构造做法、尺寸、面积、厚度、结构材质
			楼面	水泥砂浆楼面	楼 1-50	08.01.01_02.0001.0001	构造做法、尺寸、面积、厚度、结构材质
				防滑地砖楼面	楼 1-50	08.01.01_02.0002.0001	构造做法、尺寸、面积、厚度、结构材质
	墙体	墙体	内饰面	墙面一般抹灰	内墙 1-20	08.02.01_01.0001.0001	构造做法、尺寸、厚度、面积、长度、结构材质
				无机涂料墙面	内墙 1-20	08.02.01_01.0002.0001	构造做法、尺寸、厚度、面积、长度、结构材质
			外饰面	水泥砂浆墙面	外墙 1-20	08.02.01_02.0001.0001	构造做法、尺寸、厚度、面积、长度、结构材质
	天棚装饰	天棚装饰	吊顶	石膏板吊顶	顶 1-20	08.03.01_01.0001.0001	构造做法、尺寸、面积、厚度
				防水石膏板吊顶	顶 1-20	08.03.01_01.0002.0001	构造做法、尺寸、面积、厚度
			顶棚	无机涂料顶棚	顶 1-20	08.03.01_02.0001.0001	构造做法、尺寸、面积、厚度
				水泥砂浆顶棚	顶 8-10	08.03.01_02.0003.0001	构造做法、尺寸、面积、厚度
	门窗装饰	门窗装饰	饰面及附件	窗帘盒	200×200	08.04.01_01.0001.0001	材质、长度
				窗帘轨	窗帘轨 1	08.04.01_01.0002.0001	材质、长度
			窗帘	电动遮阳帘	7500×3000	08.04.01_02.0001.0001	尺寸、材质、规格
	其他装饰	其他装饰	浴厕配件	石材洗漱台	石材洗漱台 1	08.05.01_01.0001.0001	尺寸
				毛巾杆（架）	毛巾架 1	08.05.01_01.0002.0001	尺寸
			造型配件	装饰百叶	装饰百叶 1	08.05.01_03.0001.0001	尺寸、材质
				装饰铝板	装饰铝板 1	08.05.01_03.0002.0001	尺寸、材质
			垃圾箱	垃圾箱	垃圾箱 1	08.05.01_04.0001.0001	尺寸、材质、规格
		浴厕配件	浴厕配件	热水炉	热水器 1	08.05.02_01.0001.0001	尺寸
				梳妆镜	梳妆镜 1	08.05.02_01.0002.0001	尺寸

表 B-9　幕墙专业 BIM 模型构件信息表样表

专业	子专业	二级子专业	构件类别	构件子类别	构件类型	分类编码	构件属性
幕墙	玻璃幕墙	嵌板	玻璃幕墙固定嵌板	中空玻璃嵌板	6+12A+6	09.01.01_01.0001.0001	遮阳系数、可见光透射比、可见光反射比、K 值、玻璃处理方式、尺寸、面积、材质（应包含颜色）
				内置百叶中空玻璃嵌板	6+21A+6	09.01.01_01.0002.0001	遮阳系数、可见光透射比、可见光反射比、K 值、玻璃处理方式、尺寸、面积、材质（应包含颜色）
	金属板幕墙	嵌板	金属板幕墙固定嵌板	铝单板	3	09.02.01_01.0001.0001	表面处理、尺寸、面积、材质
				复合铝板	4	09.02.01_01.0002.0001	表面处理、尺寸、面积、材质
			金属幕墙固定嵌板	百叶（含框及叶片）嵌板	50	09.02.01_02.0001.0001	通风系数、材质
		支撑体系	金属板幕墙竖向构件	铝合金立柱	构件 1	09.02.02_01.0001.0001	材质、表面处理、线密度、尺寸、长度、体积（只针对结构框架、结构柱创建的模型）
				热镀锌钢矩管立柱	构件 1	09.02.02_01.0002.0001	材质、表面处理、线密度、尺寸、长度、体积（只针对结构框架、结构柱创建的模型）
	采光顶	嵌板	采光顶固定嵌板	中空玻璃嵌板	6+12A+6+1.52PVB+6	09.03.01_01.0001.0001	遮阳系数、可见光透射比、可见光反射比、K 值、玻璃处理方式、尺寸、面积、材质（应包含颜色）
				中空夹胶玻璃嵌板	6+12A+6+1.52PVB+6	09.03.01_01.0002.0001	遮阳系数、可见光透射比、可见光反射比、K 值、玻璃处理方式、尺寸、面积、材质（应包含颜色）
		开启嵌板（门、窗）	采光顶手动开启嵌板（含型材）	手动窗开启嵌板（含型材）	6+12A+6	09.03.02_01.0001.0001	遮阳系数、可见光透射比、可见光反射比、K 值、玻璃处理方式、尺寸、宽度、高度、面积、嵌板材质（应包含颜色）、其他材质
				手动门开启嵌板（含型材）	6+12A+6	09.03.02_01.0002.0001	遮阳系数、可见光透射比、可见光反射比、K 值、玻璃处理方式、尺寸、宽度、高度、面积、嵌板材质（应包含颜色）、其他材质

表 B-10 景观专业 BIM 模型构件信息表样表

专业	子专业	二级子专业	构件类别	构件子类别	构件类型	分类编码	构件属性
景观	园林建设	铺装	地面铺装	芝麻灰花岗岩火烧面	30	10.01.01_01.0001.0001	尺寸、材料及做法、厚度、面积、体积、结构材质
				芝麻白花岗岩火烧面	30	10.01.01_01.0002.0001	尺寸、材料及做法、厚度、面积、体积、结构材质
			地面附属	黑金砂光面异型加工	360	10.01.01_02.0001.0001	尺寸、材料及做法、厚度、面积、体积、结构材质
		景观给排水	管道	水景给水系统	PP-R管-热熔	10.01.03_01.0001.0001	直径、材质、规格/类型（或压力等级）、内径、外径（折算壁厚）、长度、系统类型、坡度
				景观给水系统	钢塑复合管-热熔	10.01.03_01.0003.0001	直径、材质、规格/类型（或压力等级）、内径、外径（折算壁厚）、长度、系统类型、坡度
			管路附件	取水阀-承插	1	10.01.03_03.0002.0001	压力等级、阀体材质、公称直径、系统类型
				闸阀-法兰	1	10.01.03_03.0003.0001	压力等级、阀体材质、公称直径、系统类型
			给水设备	方形阀门井	840×740-景观给排水	10.01.03_04.0001.0001	规格、尺寸、材质、型号
		景观电气	灯具	嵌灯	18W-景观电气	10.01.04_01.0001.0001	规格、型号、电压
				LED水下射灯	5W-景观电气	10.01.04_01.0002.0001	规格、型号、电压
			线管配件	弯头	PC-景观照明线管	10.01.04_03.0001.0001	规格、电气系统编号-回路编号、直径
				接头	PC-景观照明线管	10.01.04_03.0002.0001	规格、电气系统编号-回路编号、直径
		停车场	停车场	路缘石	仿大理石-200×500	10.01.05_01.0001.0001	材质、尺寸、构造做法、长度、栏杆扶手高度
				植草砖停车位	3000×6000	10.01.05_01.0002.0001	尺寸、材质、构造做法
			停车棚	非机动车停车棚	非机动车停车棚1	10.01.05_02.0001.0001	宽度、长度、材质、构造做法
	绿化	绿化	乔木	香樟	香樟A	10.02.01_01.0001.0001	材料及做法（包括高度、冠幅、胸径）
				桂花	桂花A	10.02.01_01.0002.0001	材料及做法（包括高度、冠幅、胸径）
			花镜	花镜	花镜1	10.02.01_05.0001.0001	草种、面积

表 B-11　标识专业 BIM 模型构件信息表样表

专业	子专业	二级子专业	构件类别	构件子类别	构件类型	分类编码	构件属性
标识	管廊标识	管廊标识	管廊标识	综合警示标识	300×160	11.01.01_01.0001.0001	名称、尺寸
				舱体标识	给水出线舱	11.01.01_01.0002.0001	名称、尺寸
				口部标识	人员出入口	11.01.01_01.0003.0001	名称、尺寸
				里程标识	120×100	11.01.01_01.0004.0001	名称、尺寸
	公共信息导向标识	公共信息导向标识	顺丰 LOGO标识	景墙LOGO	SF1	11.02.01_01.0001.0001	材质、尺寸
				门房LOGO	SF1	11.02.01_01.0002.0001	材质、尺寸
			交通指示标识	直行	1	11.02.01_02.0001.0001	材质、尺寸
				直行和向右转	1	11.02.01_02.0002.0001	材质、尺寸
				向左转	1	11.02.01_02.0004.0001	材质、尺寸
				向右转	1	11.02.01_02.0005.0001	材质、尺寸
			标线	白色虚线	150	11.02.01_03.0001.0001	宽度、材质
				黄色实线	150	11.02.01_03.0002.0001	宽度、材质
				黄色虚线	150	11.02.01_03.0003.0001	宽度、材质
				斑马线	400	11.02.01_03.0004.0001	材质、尺寸
			交通文字标识	P	1	11.02.01_04.0001.0001	材质、尺寸
				办公楼	1	11.02.01_04.0002.0001	材质、尺寸
				出口	1	11.02.01_04.0003.0001	材质、尺寸
			禁止停车线	禁止停车标识	1	11.02.01_05.0001.0001	材质、尺寸
	安全标识	安全标识	禁止标识	禁止翻越标志	工作禁区-禁止翻越	11.03.01_01.0001.0001	材质、尺寸
			燃气管道标识	标志桩	1	11.03.01_02.0001.0001	材质、尺寸
			限高标识	限高标识牌	1	11.03.01_03.0001.0001	材质、尺寸
			安全标识	消防救援窗标志	标准	11.03.01_04.0001.0001	材质、尺寸
			电缆管道标识	标志桩	150×150×1200	11.03.01_05.0001.0001	材质、尺寸
				标志牌	200×80	11.03.01_05.0002.0001	材质、尺寸

表 B-12　设备工艺专业 BIM 模型构件信息表样表

专业	子专业	二级子专业	构件类别	构件子类别	构件类型	分类编码	构件属性
设备工艺	物流操作设备	物流操作设备	度量设备	地上衡	3000×4000	12.01.01_01.0001.0001	尺寸、最大量程、技术参数
				地中衡	3000×4000×400	12.01.01_01.0002.0001	尺寸、最大量程、技术参数
			运输设备	货梯	10T	12.01.01_02.0001.0001	尺寸、额定荷载、技术参数
				登机桥	登机桥 01	12.01.01_02.0004.0001	尺寸、技术参数
	旅客及行李设备	旅客及行李设备	行李设备	行李提取转盘	行李提取转盘 01	12.03.01_01.0001.0001	尺寸、技术参数
				行李传输设备	行李传输设备 01	12.03.01_01.0002.0001	尺寸、技术参数
			验证设备	成品登机柜台	成品登机柜台 01	12.03.01_02.0001.0001	尺寸、技术参数
				人工验证柜台	人工验证柜台 01	12.03.01_02.0002.0001	尺寸、技术参数
	安防设备	安防设备	安检设备	货物 X 光安检机	货物 X 光安检机 01	12.04.01_01.0001.0001	尺寸、技术参数
				行李 X 光安检机	行李 X 光安检机 01	12.04.01_01.0002.0001	尺寸、技术参数
			防护设备	防爆罐	防爆罐 01	12.04.01_02.0001.0001	技术参数
				爆炸物探测器	爆炸物探测器 01	12.04.01_02.0002.0001	技术参数
	分拣钢结构	包裹分拣系统钢结构	钢梁	热轧 H 型钢梁	HN200×100×5.5×8	12.06.01_01.0001.0001	尺寸、耐火等级、耐火极限、长度、体积、结构材质
				热轧 H 型转换梁	HW250×250×9×14	12.06.01_01.0002.0001	尺寸、耐火等级、耐火极限、长度、体积、结构材质
		NCY系统钢结构	钢梁	热轧 H 型钢梁	HN200×100×5.5×8	12.06.03_01.0001.0001	尺寸、耐火等级、耐火极限、长度、体积、结构材质
			钢梯	45°爬梯	GPT1	12.06.03_05.0001.0001	尺寸、耐火等级、耐火极限、体积、结构材质
			栏杆扶手	不锈钢栏杆	900	12.06.03_06.0001.0001	尺寸、材质、长度
				锌钢栏杆	900	12.06.03_06.0002.0001	尺寸、材质、长度
			顶部扶栏	圆形钢管	40	12.06.03_07.0001.0001	尺寸、材质、长度
				矩形钢管	50×50	12.06.03_07.0002.0001	尺寸、材质、长度

表 B-13　地质专业 BIM 模型构件信息表样表

专业	子专业	二级子专业	构件类别	构件子类别	构件类型	分类编码	构件属性
地质	地表	地表	地形	地形面	飞行区塔台小区	13.01.01_01.0001.0001	面积、比例尺、坐标高程系统、日期、测绘方法
			地物	地面建筑物	民房 1	13.01.01_02.0001.0001	名称、高度、层数、尺寸
			数字地表	激光点云	塔台小区激光点云	13.01.01_03.0001.0001	设备名称、面积
				倾斜摄影	塔台小区倾斜摄影	13.01.01_03.0002.0001	设备名称、面积
				DEM	塔台小区DEM	13.01.01_03.0003.0001	—
				DSM	塔台小区DSM	13.01.01_03.0004.0001	—
				DOM	塔台小区DOM	13.01.01_03.0005.0001	—
	地质	地质	勘探	钻孔	勘探孔	13.02.01_01.0001.0001	钻孔名称、编号、孔口坐标 X（m）、孔口坐标 Y（m）、孔口坐标 Z（m）、终孔孔深（m）、孔口直径（m）、静止水位
				物探	高密度电法	13.02.01_01.0003.0001	物探方法类别、编号、岩土体分层
			地质面	地层面	2-4 粉质黏土 1	13.02.01_02.0001.0001	地层名称、地层编号、地层代号、地层产状、地层厚度、地层描述、渗透系数（K），天然含水率（%）、孔隙比（%）、容重（kN/m³）、密实程度、密度（g/cm³）、变形模量（MPa）承载力（kPa）、抗压强度（MPa）、泊松比、黏聚力（kPa）、内摩擦角（度）、压缩模量（MPa）
				不良地质面	滑坡 1	13.02.01_02.0002.0001	地质描述
				不良地质体	滑坡 1	13.02.01_04.0002.0001	地质描述
		构筑（建）物	相邻构筑物基础	相邻构筑物基础	筏板	13.02.02_01.0001.0001	基础形式、埋深、修建时间、权属信息、其他描述
			地下洞室	地下洞室	地下室	13.02.02_02.0001.0001	名称、类型、衬砌、修建时间、使用情况、权属信息、其他描述
			地下管网	地下管网	污水管道	13.02.02_03.0001.0001	名称、类型、埋深、修建时间、使用情况、权属信息、其他描述

表 B-14　岩土专业 BIM 模型构件信息表样表

专业	子专业	二级子专业	构件类别	构件子类别	构件类型	分类编码	构件属性
岩土	地基处理工程	地基处理工程	排水	排水板	FDPS-B 型	14.01.01_01.0001.0001	长度、宽度、厚度、间距、回带量
				排水盲沟	主盲沟	14.01.01_01.0002.0001	间距、放坡坡度、材质、长度、类型
			处理体	清表体	边坡区	14.01.01_02.0001.0001	平均厚度
				清淤体	道面区	14.01.01_02.0002.0001	淤泥总固体浓度、平均厚度
	边坡（基坑）工程	边坡（基坑）工程	边坡	边坡面	挖方区	14.02.01_01.0001.0001	坡比、表面积
				边坡体	挖方边坡	14.02.01_01.0002.0001	边坡类型、坡比、材质、体积
			基坑	基坑边坡	预留边坡	14.02.01_02.0001.0001	坡比、材质
				回填土	基坑周边	14.02.01_02.0002.0001	材料种类及配比、粒径、压实系数、补充描述、体积
		支护结构	挡墙	挡墙	重力式	14.02.02_01.0001.0001	抗裂要求、<尺寸>、长度、体积、材质
			支护桩	钻孔灌注桩	800	14.02.02_02.0001.0001	直径、桩长、体积、结构材质
				钢板桩	密扣拉森Ⅳ型	14.02.02_02.0002.0001	桩长、体积、结构材质、规格、截面模数、单位重量
	土石方工程	土石方工程	挖方	开挖面	全场	14.03.01_01.0001.0001	岩石类别、深度、运距、用途、面积
				挖方体	一般土方	14.03.01_01.0002.0001	土质、深度、开挖方式、运距、用途、体积
			填方	填方体	全场	14.03.01_02.0001.0001	材料种类及配比、粒径、压实系数、填方来源、运距、体积、含泥量、填方厚度、压实指标、土石比、补充描述
	监测系统	监测系统	观测点	观测点	表面沉降	14.04.01_01.0001.0001	间距
			监测点	监测点	孔隙水压力	14.04.01_02.0001.0001	间距
	便道、便桥工程	便道、便桥工程	施工便道	施工便道	土石便道	14.06.01_01.0001.0001	填挖工程量、宽度、填料自然属性、压实度、承载力、段落划分编号、边坡坡率
			施工便桥	上部结构	钢结构	14.06.01_02.0001.0001	宽度、厚度、重量
				下部结构	混凝土结构	14.06.01_02.0002.0001	宽度、基础形式、设计承重

表 B-15　场道专业 BIM 模型构件信息表样表

专业	子专业	二级子专业	构件类别	构件子类别	构件类型	分类编码	构件属性
场道	土方地势	土方地势	原地势	原地势	全场原地势	15.01.01_01.0001.0001	等高线间距、高程系
			设计地势	设计地势	全场设计地势	15.01.01_02.0001.0001	等高线间距、高程系
	道面	铺面	水泥混凝土铺面	面层	16 cm	15.02.01_01.0001.0001	道面分块尺寸和厚度、结构材质、刻槽宽、刻槽深
				基层	18 cm-水泥稳定碎石基层	15.02.01_01.0002.0001	强度、最大粒径、细集料细度模数、厚度、部位
			沥青混凝土铺面	面层	16 cm	15.02.01_02.0001.0001	沥青种类、粗集料种类、最大粒径、最大公称粒径、刻槽宽、刻槽深、厚度
				基层	18 cm-水泥稳定碎石基层	15.02.01_02.0002.0001	强度、厚度
	标志标线	标志标线	标志标线	标志标线	滑行道边线标志	15.03.01_01.0001.0001	油漆品种、线型类别
	围界	围界	门	检修门	门1	15.04.01_01.0001.0001	尺寸、开门方式、材质
				围界大门	门1	15.04.01_01.0002.0001	尺寸、开门方式、材质
			基础	围界基础	基础1	15.04.01_02.0001.0001	尺寸、材质、结构材质
			围栏	围界围栏	围栏1	15.04.01_03.0001.0001	材质、围界高度、立柱间距
	排水	明沟	梯形明沟	浆砌片石	TM001	15.05.01_01.0001.0001	厚度、强度、水泥砂浆抹面厚度、排水沟编号、填缝材质
				检修步道	TM001	15.05.01_01.0003.0001	砂浆的强度、排水沟编号
				素混凝土	DGM001	15.05.01_02.0002.0001	类型(LC类、LD类、LF类等)、结构材质、排水沟编号
		暗沟	钢筋混凝土箱涵	沟体	DXA001	15.05.02_01.0001.0001	类型(LC类/LD类/LF类等)、孔数(单孔/双孔)、结构材质、传力杆间距、伸缩缝板厚、排水沟编号、抹面要求、抗渗等级
				素混凝土	DXA001	15.05.02_01.0002.0001	类型(LC类、LD类、LF类等)、结构材质、排水沟编号
		传力杆	传力杆	传力杆	28	15.05.10_01.0001.0001	总钢筋长度、钢筋形式

表 B-16　助航灯光专业 BIM 模型构件信息表样表

专业	子专业	二级子专业	构件类别	构件子类别	构件类型	分类编码	构件属性
助航灯光	助航灯具	助航灯具	跑道灯光系统	跑道边灯	嵌入式浅座-白黄	16.01.01_01.0001.0001	额定功率、额定电流、光源类型、发光方向、直径(嵌入式)、突出高度(嵌入式)、光源强度
				跑道入口灯	立式	16.01.01_01.0002.0001	额定功率、额定电流、光源类型、发光方向、发光颜色、直径(嵌入式)、突出高度(嵌入式)、光源强度
	助航设备	助航设备	微波探测器	微波探测器	对射式微波探测器	16.02.01_01.0001.0001	额定功率、额定电流
			调光器	调光器	调光器 1	16.02.01_02.0001.0001	类型、额定电流、容量(kV·A)、光级数量、尺寸
	机坪设备	机坪设备	高杆灯	高杆灯	25m	16.03.01_01.0001.0001	照射方向、光源类型、光源数量、额定功率、额定电压、光源品牌、电机配置方式、灯架形式
			航空障碍灯	航空障碍灯	20W	16.03.01_02.0001.0001	额定电压、光源类型、光强类型
	电缆	电缆	电缆井	普通电缆井	3m×2m×2.5m	16.04.01_01.0001.0001	材质
				承重电缆井	3m×2m×2.5m	16.04.01_01.0002.0001	材质
			基础垫层	素混凝土垫层	100-C10	16.04.01_08.0001.0001	结构材质、长度、体积
	FOD设备	FOD设备	通信箱	通信箱	锻造铝合金	16.05.01_01.0001.0001	名称、深度尺寸
			FOD跑道探测器	FOD跑道探测器	立式	16.05.01_02.0001.0001	名称、额定电流、额定功率、发光方向
			探测器供电装置	探测器供电装置	通信箱内安装	16.05.01_03.0001.0001	名称、规格
	防雷与接地系统	防雷与接地系统	接地系统	垂直接地极-圆形	铜覆钢-ø20-防雷与接地系统	16.06.01_01.0001.0001	名称、系统类型、材质、型号、类型、长度
				接地母线	铜覆钢-ø12-防雷与接地系统	16.06.01_01.0002.0001	名称、系统类型、材质、型号、类型、长度

表 B-17 航管专业 BIM 模型构件信息表样表

专业	子专业	二级子专业	构件类别	构件子类别	构件类型	分类编码	构件属性
航管	通信工程	通信工程	通信井	手孔	1700×1200-通信工程	17.01.01_01.0001.0001	类型、材质、深度、井口坐标、人孔井地面荷载
				人孔	2880×2080-通信工程	17.01.01_01.0002.0001	类型、材质、深度、井口坐标、人孔井地面荷载
	航管工程	主用集成塔台系统	设备	主用集成塔台系统机柜	600×1200×2000-主用集成塔台系统机柜	17.02.01_01.0001.0001	名称、规格、型号
				主用集成塔台系统录取器机柜	600×1200×2000-主用集成塔台系统机柜	17.02.01_01.0002.0001	名称、规格、型号
			席位	席位桌	2400×1000-工艺附属配套设施	17.02.01_02.0001.0001	—
				监控桌	定制-主用集成塔台系统	17.02.01_02.0002.0001	名称、系统类型、类型、厂家、型号
	SDH环网工程	通信传输	设备	SDH 综合业务接入网机柜	600×1200×2000-通信传输	17.03.01_01.0001.0001	名称、尺寸、规格、材质
				SDH 预留机柜	600×1200×2000-通信传输	17.03.01_01.0002.0001	名称、尺寸、规格、材质
				12-114 蓄电池	12V100AH-通信传输	17.03.01_01.0003.0001	名称、尺寸、规格、功能
				直流电源	48V-通信传输	17.03.01_01.0004.0001	名称、尺寸、规格、功能
	气象工程	自动气象观测系统	设备	温度(湿度)传感器	150×150×230-自动气象观测系统	17.04.01_01.0001.0001	名称、型号
				风速风向传感器	290×250×350-自动气象观测系统	17.04.01_01.0002.0001	名称、型号
	天气雷达系统	天气雷达系统	设备	天气雷达系统机柜	900×1000×2800-天气雷达系统	17.05.01_01.0001.0001	名称、规格、型号
				天气雷达系统环境监控机柜	900×1000×2800-天气雷达系统	17.05.01_01.0002.0001	名称、规格、型号
	天气雷达站工程	天气雷达系统	设备	光纤配线架	24 口-天气雷达系统	17.18.01_01.0001.0001	名称、尺寸、规格、功能
				光纤熔接盘	12 口-天气雷达系统	17.18.01_01.0002.0001	名称、尺寸、规格、功能
	防雷接地系统	防雷接地系统	基础接地系统	绝缘子	不饱和聚酯玻璃纤维增强模压塑料-防雷接地系统	17.20.01_01.0001.0001	名称、系统类型、类型、厂家、型号
				等电位端子箱	330×230×120-防雷接地系统	17.20.01_01.0002.0001	名称、系统类型、类型、厂家、型号

表 B-18　道路专业 BIM 模型构件信息表样表

专业	子专业	二级子专业	构件类别	构件子类别	构件类型	分类编码	构件属性
道路	道路	道路	面层	沥青混合料面层	AC-13C	18.01.01_01.0001.0001	厚度
				水泥混凝土	C42.5-5	18.01.01_01.0002.0001	尺寸、抗渗等级、结构材质、基础编号、厚度
				粗粒式沥青混凝土	AC-25C	18.01.01_01.0003.0001	厚度
				细粒式沥青混凝土	AC-13C	18.01.01_01.0004.0001	厚度
				细粒式改性沥青混凝土	AC-13C	18.01.01_01.0005.0001	厚度
				中粒式沥青混凝土	AC-20C	18.01.01_01.0006.0001	厚度
			封层	封层	稀浆封层ES-3型	18.01.01_02.0001.0001	厚度
				粘层	PC-3型乳化沥青粘层油	18.01.01_02.0002.0001	厚度、体积
			基层	水泥稳定碎石	18	18.01.01_03.0001.0001	水泥掺量、厚度
				水泥砂浆	20	18.01.01_03.0002.0001	尺寸、抗渗等级、结构材质、基础编号
				无砂大孔混凝土	10	18.01.01_03.0003.0001	水泥掺量、厚度、体积
			垫层	级配碎石	18	18.01.01_04.0001.0001	厚度
				山皮石垫层	40	18.01.01_04.0002.0001	厚度
				水泥砂浆加涂沥青加防渗土工膜	2	18.01.01_04.0003.0001	厚度
				灰土垫层	30	18.01.01_04.0004.0001	厚度
			附属	路缘石	仿花岗岩-15×50×100	18.01.01_05.0001.0001	厚度、高度、单块长度
				路缘石基础	C20	18.01.01_05.0002.0001	尺寸
				人行道树池	仿花岗岩	18.01.01_05.0003.0001	尺寸
				绿化带	草	18.01.01_05.0010.0001	面积
	挡墙	挡墙	挡墙	重力式挡墙	C40	18.02.01_01.0001.0001	尺寸
				悬臂式挡墙	C40	18.02.01_01.0002.0001	尺寸
			附属	反滤层	300×300×300	18.02.01_02.0001.0001	尺寸、材质、体积

表 B-19　桥梁专业 BIM 模型构件信息表样表

专业	子专业	二级子专业	构件类别	构件子类别	构件类型	分类编码	构件属性
桥梁	高架梁	主体结构	上部结构	箱梁	现浇单箱三室	19.01.01_01.0001.0001	类型、材质、张拉强度
			下部结构	桥墩	花瓶墩	19.01.01_02.0001.0001	高度、宽度、材质
				桥台	柱式台	19.01.01_02.0002.0001	高度、宽度、材质
				承台	C30	19.01.01_02.0003.0001	长度、宽度、高度
				桩基	∅180	19.01.01_02.0004.0001	桩长、桩径、嵌入承台深度、材质
				垫层	C15	19.01.01_02.0005.0001	厚度
		附属结构	附属结构	护栏	混凝土	19.01.02_01.0001.0001	防撞等级、材质、高度
				排水管	PVC 管	19.01.02_01.0002.0001	管径
				垫石	C40 小石子混凝土	19.01.02_01.0003.0001	尺寸
				支座	球形钢支座	19.01.02_01.0004.0001	型号
				桥台搭板	5	19.01.02_01.0005.0001	材质、长度、宽度、厚度
				桥面铺装	沥青面层	19.01.02_01.0006.0001	厚度、防水等级
				伸缩缝	160	19.01.02_01.0007.0001	长度
				防震挡块	C30	19.01.02_01.0008.0001	尺寸
				排水沟	280×88	19.01.02_01.0009.0001	构造做法、尺寸、体积、长度、结构材质

表 B-20　交通专业 BIM 模型构件信息表样表

专业	子专业	二级子专业	构件类别	构件子类别	构件类型	分类编码	构件属性
交通	交通	交通	信号灯系统	合杆信号灯	机动车	20.01.01_03.0001.0001	尺寸
				独立信号灯	机动车	20.01.01_03.0002.0001	信号灯尺寸、杆件尺寸、基础尺寸、基础材质、杆件材质
				信号机柜	430×330×500	20.01.01_03.0003.0001	尺寸
			通电通信	接线井	1160×960×1300	20.01.01_04.0001.0001	材质、尺寸
				预埋管	镀锌钢管	20.01.01_04.0002.0001	直径、壁厚
			监控	合杆球机	监控	20.01.01_05.0001.0001	像素
				独立杆球机	监控	20.01.01_05.0002.0001	像素；杆件尺寸、基础尺寸、基础材质、杆件材质

续表 B-20

专业	子专业	二级子专业	构件类别	构件子类别	构件类型	分类编码	构件属性
交通	交通	交通	电警系统	电子警察	违停抓拍	20.01.01_06.0001.0001	像素
			其他安全设施	栏杆	活动护栏	20.01.01_07.0001.0001	尺寸、材质
				广角镜	800	20.01.01_07.0002.0001	尺寸、材质
			垫层	石粉垫层	100-交通	20.01.01_08.0001.0001	基础厚度、体积、结构材质
			沟槽填筑	填筑体	水泥石粉渣-交通	20.01.01_10.0001.0001	材料种类及配比、粒径、压实系数、补充描述、体积

表 B-21 市政给水专业 BIM 模型构件信息表样表

专业	子专业	二级子专业	构件类别	构件子类别	构件类型	分类编码	构件属性
市政给水	给水	给水	管道	焊接钢管	$DN100$	21.01.01_01.0001.0001	连接方式、压力等级、材质、公称直径、覆土埋深
				聚乙烯PE100管	$DN100$	21.01.01_01.0002.0001	连接方式、压力等级、材质、公称直径、覆土埋深
				钢骨架塑料复合管	$DN32$	21.01.01_01.0003.0001	连接方式、压力等级、材质、公称直径、覆土埋深
			管件	弯头	$DN100$	21.01.01_02.0002.0001	材质、连接方式、节点编号、公称直径
				三通	$DN200$	21.01.01_02.0004.0001	材质、连接方式、节点编号、公称直径
				异径管	$DN300×200$	21.01.01_02.0005.0001	材质、连接方式、节点编号、公称直径
				四通	$DN200$	21.01.01_02.0006.0001	材质、连接方式、节点编号、公称直径
			管路附件	排泥闸阀	$DN100$	21.01.01_03.0001.0001	材质、压力等级、连接方式、公称直径
				排气阀	$DN100$	21.01.01_03.0002.0001	材质、压力等级、连接方式、公称直径
				闸阀	$DN100$	21.01.01_03.0003.0001	材质、压力等级、连接方式、公称直径
				消火栓蝶阀	$DN100$	21.01.01_03.0004.0001	材质、压力等级、连接方式、公称直径

专业	子专业	二级子专业	构件类别	构件子类别	构件类型	分类编码	构件属性
市政给水	给水	给水	管路附件	缓闭止回阀	DN200	21.01.01_03.0005.0001	材质、压力等级、连接方式、公称直径
			设备	卧式离心泵	设备1	21.01.01_04.0001.0001	流量、扬程、功率、编号
				加氯成套设备	设备1	21.01.01_04.0002.0001	组件材料表、容量、流量、编号
				电动葫芦	设备1	21.01.01_04.0003.0001	额定起重量、提升高度、功率、编号
			附属	消火栓	SS100/65-1.0	21.01.01_05.0001.0001	尺寸、材质、图集号、压力等级、安装部位
				阀门井	Ø1200	21.01.01_05.0002.0001	直径、结构材质、图集号
				水表井	2750×1500	21.01.01_05.0004.0001	尺寸、结构材质、图集号
				排泥阀井	Ø1200	21.01.01_05.0011.0001	直径、结构材质、图集号
			垫层	中粗砂垫层	150-市政给水	21.01.01_06.0001.0001	基础厚度、体积、结构材质
			沟槽填筑	填筑体	中粗砂-给水	21.01.01_07.0001.0001	材料种类及配比、粒径、压实系数、补充描述、体积

表 B-22　市政排水专业 BIM 模型构件信息表样表

专业	子专业	二级子专业	构件类别	构件子类别	构件类型	分类编码	构件属性
市政排水	排水	排水	管道	混凝土管	Ø300	22.01.01_01.0001.0001	直径、材质、连接方式、坡度
				钢管	DN100	22.01.01_01.0002.0001	公称直径、材质、连接方式、坡度、防腐、刷油要求
				增强聚乙烯缠绕结构壁A型管	DN100	22.01.01_01.0003.0001	公称直径、材质、连接方式、坡度
				矩形箱涵	2000×2000	22.01.01_01.0004.0001	尺寸、材质、连接方式、坡度
			管件	A型刚性防水套管	DN100	22.01.01_02.0001.0001	公称直径、材质、形式
				三通	DN100	22.01.01_02.0002.0001	公称直径、材质、压力等级、连接方式

续表 B-22

专业	子专业	二级子专业	构件类别	构件子类别	构件类型	分类编码	构件属性
市政排水	排水	排水	管件	松套传力接头	$DN200$	22.01.01_02.0003.0001	公称直径、材质、压力等级、连接方式
			管道附件	成品支架	支架1	22.01.01_03.0001.0001	尺寸、材质、防腐、刷油、防火要求
				压力表	$DN500$	22.01.01_03.0002.0001	公称直径、量程
			设备	潜水泵	设备1	22.01.01_04.0001.0001	流量、扬程、功率、编号
				钢格栅	镀锌钢	22.01.01_04.0002.0001	尺寸、材质
			附属	矩形检查井	1000×1000	22.01.01_05.0001.0001	尺寸、结构材质、图集号
				圆形检查井	$\phi 1000$	22.01.01_05.0002.0001	直径、尺寸、结构材质、图集号
				扇形检查井	1300	22.01.01_05.0003.0001	尺寸、结构材质、图集号
			垫层	中粗砂垫层	100-排水	22.01.01_06.0001.0001	基础厚度、面积、体积、结构材质
				细砂垫层	300-排水	22.01.01_06.0002.0001	基础厚度、面积、体积、结构材质
			沟槽填筑	填筑体	中粗砂、碎石屑-排水	22.01.01_08.0001.0001	材料种类及配比、粒径、压实系数、补充描述、体积
			矩形箱涵	顶板	290	22.01.01_09.0001.0001	尺寸、结构材质、坡度
				底板	290	22.01.01_09.0002.0001	尺寸、结构材质、坡度
	消防	消防	灭火器	超细干粉灭火装置	3	22.02.01_01.0001.0001	形式、规格、容量
				手提灭火器	MF/ABC3	22.02.01_01.0002.0001	容量、成分

表 B-23　市政供冷供热专业 BIM 模型构件信息表样表

专业	子专业	二级子专业	构件类别	构件子类别	构件类型	分类编码	构件属性
市政供冷供热	供冷供热系统	供冷供热系统	管道	冷热水供水系统	热镀锌钢管-螺纹	23.01.01_01.0001.0001	系统类型、公称直径、材质、连接方式、压力等级
				冷热水回水系统	热镀锌钢管-螺纹	23.01.01_01.0002.0001	系统类型、公称直径、材质、连接方式、压力等级

续表 B-23

专业	子专业	二级子专业	构件类别	构件子类别	构件类型	分类编码	构件属性
市政供冷供热	供冷供热系统	供冷供热系统	管件	等径弯头-螺纹	热镀锌钢管	23.01.01_02.0001.0001	系统类型、管件材质、管径、材质、公称直径、连接方式、压力等级
				变径弯头-螺纹	热镀锌钢管	23.01.01_02.0002.0001	系统类型、管件材质、管径、材质、公称直径、连接方式、压力等级
			管路附件	截止阀-法兰	1	23.01.01_03.0001.0001	材质、公称直径、压力等级、系统类型
				止回阀-法兰	1	23.01.01_03.0002.0001	材质、公称直径、压力等级、系统类型
				弹簧式安全阀-法兰	1	23.01.01_03.0003.0001	材质、公称直径、压力等级、系统类型
			保温	难燃橡塑保温	1	23.01.01_04.0001.0001	隔热层类型、燃烧性能等级、厚度、容重
				室外管道整体预制式保温	1	23.01.01_04.0002.0001	隔热层类型、燃烧性能等级、厚度、容重
			附属	阀门检查井	4m×1.5m×2m-供冷供热系统	23.01.01_05.0001.0001	规格、型号、结构材质、图集号
				泄水井	4m×1.5m×2m-供冷供热系统	23.01.01_05.0002.0001	规格、型号、结构材质、图集号
			垫层	细砂垫层	200-供冷供热系统	23.01.01_06.0001.0001	基础厚度、体积、结构材质
			沟槽填筑	填筑体	细砂、中粗砂-供冷供热系统	23.01.01_07.0001.0001	材料种类及配比、粒径、压实系数、补充描述、体积
		供冷供热设备	设备	蓄能水罐	1600m³-供冷供热设备	23.01.02_01.0001.0001	容积、直径、高度
				氮气压缩系统	1-供冷供热设备	23.01.02_01.0002.0001	—
	支吊架	支吊架	综合支吊架	综合支吊架	1	23.02.01_01.0001.0001	规格、型号、尺寸
			抗震支吊架	抗震支吊架	1	23.02.01_02.0001.0001	规格、型号、尺寸
			普通支吊架	普通支架	1	23.02.01_03.0001.0001	规格、型号、尺寸
				普通吊架	1	23.02.01_03.0002.0001	规格、型号、尺寸

表 B-24　市政电气专业 BIM 模型构件信息表样表

专业	子专业	二级子专业	构件类别	构件子类别	构件类型	分类编码	构件属性
市政电气	市政电气	市政电气	包封	混凝土包封-4×5+2	1550×1100-市政电气	24.01.01_01.0001.0001	结构材质、长度、体积
				混凝土包封-4×4+2	1300×1100-市政电气	24.01.01_01.0002.0001	结构材质、长度、体积
				混凝土包封-3×4+2	1300×850-市政电气	24.01.01_01.0003.0001	结构材质、长度、体积
				混凝土包封-3×3+2	1050×850-市政电气	24.01.01_01.0004.0001	结构材质、长度、体积
			工作井	直线加深井	混凝土 C15-市政电气	24.01.01_02.0002.0001	工作井材质、垫层材质、垫层厚度
				转角井	混凝土 C15-市政电气	24.01.01_02.0003.0001	工作井材质、垫层材质、垫层厚度
				三通井	混凝土 C15-市政电气	24.01.01_02.0004.0001	工作井材质、垫层材质、垫层厚度
				四通井	混凝土 C15-市政电气	24.01.01_02.0005.0001	工作井材质、垫层材质、垫层厚度
			电缆工程	电力电缆	YJV22-10-3×70-市政电气	24.01.01_03.0001.0001	型号、规格、长度
				通信电缆	RVVP22-2×1-市政电气	24.01.01_03.0002.0001	型号、规格、长度
				电缆端头	ZA-YJV22-8.7/15-3×120-市政电气	24.01.01_03.0003.0001	长度、名称、规格
			防火封堵	电缆防火板	5-市政电气	24.01.01_04.0001.0001	套管封堵管径、长度、封堵材质、封堵位置
				防火堵泥	150-市政电气	24.01.01_04.0002.0001	材质、封堵位置
			MPP管	MPP 管	DN100-市政电气	24.01.01_05.0001.0001	系统类型、规格、材质、长度
			UPVC管	UPVC 管	DN100-市政电气	24.01.01_06.0001.0001	系统类型、规格、材质、长度
			垫层	素混凝土包封垫层	100-C15-市政电气	24.01.01_07.0001.0001	基础厚度、面积、体积、结构材质
				石粉垫层	80-市政电气	24.01.01_07.0002.0001	基础厚度、面积、体积、结构材质
				素混凝土垫层	80-C15-市政电气	24.01.01_07.0003.0001	基础厚度、面积、体积、结构材质
				砖块垫块	60-市政电气	24.01.01_07.0004.0001	基础厚度、面积、体积、结构材质

续表 B-24

专业	子专业	二级子专业	构件类别	构件子类别	构件类型	分类编码	构件属性
市政电气	市政电气	市政电气	附属构件	管枕	200-市政电气	24.01.01_08.0001.0001	材质
			防火槽盒	防火槽盒	320×80-市政电气	24.01.01_09.0001.0001	名称、规格、材质
			镀锌钢管	镀锌钢管	DN40-市政电气	24.01.01_10.0001.0001	系统类型、规格、材质、长度
			HDPE管	HDPE 管	DN100-市政电气	24.01.01_11.0001.0001	系统类型、规格、材质、长度

表 B-25　市政照明专业 BIM 模型构件信息表样表

专业	子专业	二级子专业	构件类别	构件子类别	构件类型	分类编码	构件属性
市政照明	市政照明系统	市政照明系统	管道	市政照明管道	PE 管	25.01.01_01.0001.0001	直径
			路灯	智慧路灯	A 型	25.01.01_02.0001.0001	杆件高度、悬臂长度、灯具功率、基础材质、基础尺寸
				庭院灯	45	25.01.01_02.0002.0001	型号、规格、尺寸
				护栏灯	12	25.01.01_02.0003.0001	型号、规格、尺寸
			电气	电缆	YJV22-1-4×70+1×35	25.01.01_03.0001.0001	型号、规格、长度
				配电箱	300×500×200	25.01.01_03.0002.0001	规格、防护等级、材质
			电缆接线井	电缆接线井	500×500×800	25.01.01_04.0001.0001	规格、电缆接线井材质、盖板材质
			垫层	素混凝土垫层	80-C15-市政照明系统	25.01.01_05.0001.0001	基础厚度、面积、体积、结构材质
				石粉垫层	80-市政照明系统	25.01.01_05.0002.0001	基础厚度、面积、体积、结构材质
				渗水砂层	200-市政照明系统	25.01.01_05.0003.0001	基础厚度、面积、体积、结构材质
			附属	渗水砂层	200-市政照明系统	25.01.01_06.0001.0001	基础厚度、结构材质、体积
			设备基础	配电箱基础	500-C20	25.01.01_07.0001.0001	基础厚度、结构材质、体积
				钢筋混凝土基础	600-C20	25.01.01_07.0002.0001	基础厚度、结构材质、体积

表 B-26　仪表自控专业 BIM 模型构件信息表样表

专业	子专业	二级子专业	构件类别	构件子类别	构件类型	分类编码	构件属性
仪表自控	通信系统	综合布线系统	桥架	综合布线桥架	槽式-镀锌	26.01.01_01.0001.0001	材质、型号、尺寸
			桥架配件	槽式-垂直等径上弯通	镀锌-综合布线桥架	26.01.01_02.0001.0001	材质、型号、尺寸
				槽式-垂直等径下弯通	镀锌-综合布线桥架	26.01.01_02.0002.0001	材质、型号、尺寸
	安防监控系统	视频监控系统	设备	吸顶半球摄像机	1-视频监控系统	26.02.01_01.0001.0001	名称、规格、型号、防护等级、分辨率、电压等级
				室内球机	1-视频监控系统	26.02.01_01.0002.0001	名称、规格、型号、防护等级、分辨率、电压等级
	控制中心工程	通信系统	设备	服务器	多媒体融合通信服务器-通信系统	26.03.01_01.0001.0001	名称、类型、处理器、内存
				控制主机	通信主机-通信系统	26.03.01_01.0002.0001	名称、类型、处理器、内存
		机房工程	设备	服务器机柜	600×1200×2000-机房工程	26.03.02_01.0001.0001	名称、类型、尺寸
				硬件防火墙	1-机房工程	26.03.02_01.0002.0001	名称、主要功能、端口数、支持协议业
	自控系统	环境、设备监控系统	设备	投入式静压液位计	1-环境、设备监控系统	26.04.01_01.0001.0001	名称、规格、防护等级
				浮球式液位开关	1-环境、设备监控系统	26.04.01_01.0002.0001	名称、规格、防护等级
		电力监控系统	设备	智能通信采集控制器	1-电力监控系统	26.04.02_01.0001.0001	名称、类型、处理器、内存
				室内球机	1-电力监控系统	26.04.02_01.0002.0001	名称、规格、型号、防护等级、分辨率、电压等级
	火灾自动报警系统	探测系统	设备	手动报警按钮	1-探测系统	26.05.01_01.0001.0001	名称、规格、型号
				火灾声光警报器	1-探测系统	26.05.01_01.0002.0001	名称、规格、型号
		控制系统	设备	火灾自动报警系统联动主机	1-控制系统	26.05.02_01.0001.0001	名称、规格、尺寸、处理器、内存
				图形工作站	1-控制系统	26.05.02_01.0002.0001	名称、规格、尺寸、处理器、内存
	支吊架	支吊架	综合支吊架	综合支吊架	1	26.06.01_01.0001.0001	材质、型号、尺寸
			抗震支吊架	抗震支吊架	1	26.06.01_02.0001.0001	材质、型号、尺寸
	安全监控系统	视频监控系统	设备	红外一体式彩色网络摄像机	1-视频监控系统	26.07.01_01.0001.0001	名称、规格、型号、防护等级、分辨率、电压等级

表 B-27　市政通信专业 BIM 模型构件信息表样表

专业	子专业	二级子专业	构件类别	构件子类别	构件类型	分类编码	构件属性
市政通信	市政通信管网	市政通信管网	包封	混凝土包封-2×3	850×470-市政通信管网	27.01.01_01.0001.0001	结构材质、长度、体积
				混凝土包封-2×2	680×470-市政通信管网	27.01.01_01.0002.0001	结构材质、长度、体积
				混凝土包封-3×4	1020×470-市政通信管网	27.01.01_01.0003.0001	结构材质、长度、体积
				混凝土包封-2×4	1020×493-市政通信管网	27.01.01_01.0004.0001	结构材质、长度、体积
			管井	直通型人孔	混凝土 C20-市政通信管网	27.01.01_02.0001.0001	管井材质、垫层材质、垫层厚度
				三通型人孔	混凝土 C20-市政通信管网	27.01.01_02.0002.0001	管井材质、垫层材质、垫层厚度
				四通型人孔	混凝土 C20-市政通信管网	27.01.01_02.0003.0001	管井材质、垫层材质、垫层厚度
				手孔	混凝土 C20-市政通信管网	27.01.01_02.0004.0001	管井材质、垫层材质、垫层厚度
			PVC 管	圆形 PVC 管	DN100-市政通信管网	27.01.01_03.0001.0001	系统类型、规格、材质、长度
				正方形 PVC 管	110-市政通信管网	27.01.01_03.0002.0001	系统类型、规格、材质、长度
				九孔格栅 PVC 管	110-市政通信管网	27.01.01_03.0003.0001	系统类型、规格、材质、长度
				四孔格栅 PVC 管	110-市政通信管网	27.01.01_03.0004.0001	系统类型、规格、材质、长度
			垫层	素混凝土包封垫层	100-C15-市政通信管网	27.01.01_04.0001.0001	基础厚度、面积、体积、结构材质
			沟槽填筑	填筑体	中粗砂-市政通信管网	27.01.01_05.0001.0001	材料种类及配比、粒径、压实系数、补充描述、体积
			镀锌钢管	镀锌钢管	DN50-市政通信管网	27.01.01_06.0001.0001	系统类型、规格、材质、长度
	支吊架	承重支吊架	承重支架	单悬臂刚性承重支架	M10-TGK-52/700	27.02.01_01.0001.0001	名称、规格、型号、重量、尺寸、横担材质、拉杆材质、层数
			承重吊架	三层双立柱侧向承重支吊架	M12-TG-41-TG-52	27.02.01_02.0001.0001	名称、规格、型号、重量、尺寸、横担材质、拉杆材质、组个数

表 B-28 市政燃气专业 BIM 模型构件信息表样表

专业	子专业	二级子专业	构件类别	构件子类别	构件类型	分类编码	构件属性
市政燃气	燃气	燃气	管道	PE管	De200	28.01.01_01.0001.0001	系统类型、尺寸、材质、连接方式
				无缝钢管	De273	28.01.01_01.0002.0001	系统类型、尺寸、材质、连接方式
			管件	弯头	De100	28.01.01_02.0001.0001	材质、公称直径、连接方式、压力等级
				三通	De100	28.01.01_02.0002.0001	材质、公称直径、连接方式、压力等级
				变径管	De100	28.01.01_02.0003.0001	材质、公称直径、连接方式、压力等级
			附属	阀门检查井	∅1200	28.01.01_03.0001.0001	尺寸、结构材质、图集号
				金属示踪线	2.5	28.01.01_03.0002.0001	规格、材质、长度
				警示板	2.5	28.01.01_03.0003.0001	规格、材质、长度
			沟槽填筑	填筑体	回填砂-燃气	28.01.01_04.0001.0001	材料种类及配比、粒径、压实系数、补充描述、体积
			管路附件	球阀-热熔	1	28.01.01_05.0001.0001	压力等级、仪表量程、精度等级、阀体材质、公称直径、系统类型
				钢塑转换接头	1	28.01.01_05.0002.0001	压力等级、仪表量程、精度等级、阀体材质、公称直径、系统类型
			设备基础	球阀垫层	30-C15	28.01.01_06.0001.0001	基础厚度、结构材质、体积
				素混凝土基础	200-C20	28.01.01_06.0002.0001	基础厚度、结构材质、体积

表 B-29 市政环境卫生专业 BIM 模型构件信息表样表

专业	子专业	二级子专业	构件类别	构件子类别	构件类型	分类编码	构件属性
市政环境卫生	工艺系统	车辆	车辆	垃圾清运车	1-车辆	29.01.01_01.0001.0001	数量、规格
				桶装垃圾车	1-车辆	29.01.01_01.0002.0001	数量、规格
		设备	设备	高压冲洗机	4-设备	29.01.02_01.0001.0001	—
		附属	附属	垃圾桶	240-附属	29.01.03_01.0001.0001	数量、规格
	附属系统	排水系统	管道	排水系统	UPVC管-热熔	29.02.01_01.0001.0001	连接方式
			管件	弯头-热熔	UPVC管	29.02.01_02.0001.0001	材质、连接方式
			附属	钢格板	镀锌钢	29.02.01_03.0001.0001	尺寸、荷载标准
				隔油池	GC-1SGF	29.02.01_03.0002.0001	尺寸、材质、图集号

附录 C：模型色彩表

表 C-1 各系统模型色彩表

一级系统	二级系统	三级系统	颜色设置值			
			红（R）	绿（G）	蓝（B）	色块
给排水系统	给水系统	生活热水回水系统	255	150	255	
		生活热水给水系统	255	150	255	
		生活加压给水系统	0	255	0	
		战时给水系统	0	255	0	
		市政给水系统	0	255	0	
		直饮水系统	0	255	0	
		软化水系统	0	255	0	
		生产给水系统	0	255	0	
	中水系统	中水处理系统	255	255	0	
		中水供水系统	255	255	0	
	循环水系统	循环冷却水给水系统	0	0	128	
		循环冷却水回水系统	0	0	128	
	排水系统	重力污水系统	204	153	0	
		通气系统	204	153	0	
		压力污水系统	204	153	0	
		战时压力污水系统	204	153	0	
		战时污水系统	204	153	0	
		市政污水系统	204	153	0	
		重力废水系统	155	51	51	
		压力废水系统	155	51	51	
		战时压力废水系统	155	51	51	
		战时废水系统	155	51	51	
		重力流清洁生产废水系统	155	51	51	
		压力流清洁生产废水系统	155	51	51	
		清洗废水系统	155	51	51	

续表 C-1

一级系统	二级系统	三级系统	颜色设置值			
			红(R)	绿(G)	蓝(B)	色块
给排水系统	排水系统	喷漆废水系统	155	51	51	
		高浓度生产废水系统	155	51	51	
		重力雨水系统	0	255	255	
		虹吸雨水系统	0	255	255	
		市政雨水系统	0	255	255	
	消防系统	室外消火栓系统	255	0	0	
		室内消火栓系统	255	0	0	
		自动喷水灭火系统	255	0	0	
		大空间智能型主动喷水灭火系统	255	0	0	
		气体灭火系统	255	0	0	
		固定消防炮灭火系统	255	0	0	
		防火冷却水幕系统	255	0	0	
暖通空调系统	供暖系统	采暖供水系统	200	90	40	
		采暖回水系统	200	90	40	
		采暖补水系统	200	90	40	
	通风系统	送风系统	0	205	0	
		人防送风系统	0	205	0	
		人防测量取样系统	0	205	0	
		排风系统	255	196	159	
		人防排风系统	255	196	159	
		排油烟系统	255	196	159	
		排气系统	255	196	159	
	防排烟系统	排烟系统	192	0	0	
		排风兼排烟系统	192	0	0	
		补风系统	192	0	0	
		送风兼补风系统	192	0	0	
		加压送风系统	192	0	0	
	空调风管系统	空调新风系统	0	205	0	
		空调送风系统	0	0	255	
		空调回风系统	0	153	255	
	空调水管系统	冷热水供水系统	255	128	128	
		冷热水回水系统	255	128	128	

续表 C-1

一级系统	二级系统	三级系统	颜色设置值			
			红（R）	绿（G）	蓝（B）	色块
暖通空调系统	空调水管系统	冷冻水供水系统	158	208	255	
		冷冻水回水系统	158	208	255	
		冷却水供水系统	158	208	255	
		冷却水回水系统	158	208	255	
		热水供水系统	255	150	255	
		热水回水系统	255	150	255	
		冷媒系统	100	130	100	
		冷凝水系统	51	51	153	
	除尘与有害气体净化系统	除臭系统	180	238	180	
	燃气系统	燃气系统	204	51	0	
	压缩空气系统	压缩空气系统	196	189	151	
	热力系统	市政自来水系统	0	255	0	
		空调冷水供水系统	158	208	255	
		空调冷水回水系统	158	208	255	
		冷却水供水系统	158	208	255	
		冷却水回水系统	158	208	255	
		空调系统补水系统	158	208	255	
		空调系统软水系统	158	208	255	
		空调冷热水供水系统	255	128	128	
		空调冷热水回水系统	255	128	128	
		空调冷热水蓄水供回水系统	255	128	128	
		锅炉供空调热水供水系统	255	150	255	
		锅炉供空调热水回水系统	255	150	255	
		空调热水供水系统	255	150	255	
		空调回水供水系统	255	150	255	
		机组蒸发器出水系统	255	150	255	
		机组蒸发器回水系统	255	150	255	
		机组冷凝器出水系统	51	51	153	
		机组冷凝器回水系统	51	51	153	
		地源地下换热供水系统	180	110	255	
		地源地下换热回水系统	180	110	255	

续表 C-1

一级系统	二级系统	三级系统	颜色设置值			
			红(R)	绿(G)	蓝(B)	色块
电气系统	供配电系统	高压供配电系统	160	32	240	
		低压配电系统(普通电力)	160	32	240	
		低压配电系统(消防电力)	255	0	0	
	照明系统	普通照明系统	160	32	240	
		消防应急照明和疏散指示照明	255	0	0	
	防雷与接地系统	防雷与接地系统	160	32	240	
	消防报警系统	消防报警系统	255	0	0	
	市政电力	市政电力	160	32	240	
	电缆		70	70	70	
智能化系统	信息设施系统	综合布线系统	255	246	143	
		有线电视系统	255	246	143	
		室内无线覆盖系统	255	246	143	
		内部通信系统	255	246	143	
		电话通信系统	255	246	143	
		公共广播及紧急广播系统	255	246	143	
		时钟系统	255	246	143	
		视频会议系统	255	246	143	
		数字集群移动通信系统	255	246	143	
		网络系统	255	246	143	
	公共安全系统	视频监控	255	165	0	
		安全防范系统	255	165	0	
		门禁系统	255	165	0	
	机房工程	功能中心工程	139	105	20	
		UPS 及配电	139	105	20	
		机房工程	139	105	20	
	电子设备系统	停车库(场)管理系统	150	130	210	
		建筑设备监控系统	150	130	210	
	信息化应用系统	信息化应用系统	225	215	0	
	智能化集成系统	智能化集成系统	238	221	130	
	其他通信系统	市政通信	0	255	0	
		飞行区通信	0	255	0	

注:①系统颜色只针对管线和桥架;②供路和回路同一色块的,供路管线的边线用实线,回路管线的边线用虚线。

附录 D：BIM 模型精度表

D.1 模型几何信息精度表

表 D.1-1 模型构件单元几何表达精度示例

等级	模型要求	示例1	示例2
G1	满足二维化或符号化识别需求的几何表达精度		
G2	满足空间占位、主要颜色等粗略识别需求的几何表达精度		
G3	满足建造安装流程、采购等精细识别需求的几何表达精度		
G4	满足高精度渲染展示、产品管理、制造加工准备等高精度识别需求的几何表达精度		

注：①附录 D.1 中没有明确定义的模型构件单元几何表达精度要求须满足表 D.1-1 的精度要求；②专业间模型构件单元重复时，以其中较高的几何表达精度要求为准。

表 D.1-2 总图专业的模型构件单元几何表达精度

模型构件单元	几何表达精度	几何表达精度要求
现状场地	G1	宜以二维图形表示场地范围
		若项目周边现状场地中有铁路、地铁、变电站、水处理厂等基础设施时，可采用二维图形表示
	G2	应建模，等高距宜为 2m
		若项目周边现状场地中有铁路、地铁、变电站、水处理厂等基础设施时，可采用二维图形表示，必要时，宜采用简单几何形体表示
	G3	应建模，等高距宜为 1m
		若项目周边现状场地中有铁路、地铁、变电站、水处理厂等基础设施时，宜采用简单几何形体表示

续表 D.1-2

模型构件单元	几何表达精度	几何表达精度要求
现状场地	G4	应建模,等高距宜为 0.5 m
		若项目周边现状场地中有铁路、地铁、变电站、水处理厂等基础设施时,宜采用高精度几何形体表示
设计场地	G1	宜以二维图形表示场地范围
	G2	应建模,等高距宜为 1.0 m
		应在剖切视图或三维视图中观察到与现状场地的填挖关系
	G3	应建模,等高距宜为 0.5 m
		应在剖切视图或三维视图中观察到与现状场地的填挖关系
	G4	应建模,等高距宜为 0.1 m
		应在剖切视图或三维视图中观察到与现状场地的填挖关系
构筑物	G1	宜用二维图形表示
	G2	应建模表示空间占位,可三维识别
	G3	应按照设计尺寸建模
		宜表示各构造层的材质
	G4	应按照实际尺寸建模
		构造层应按照实际厚度建模
		应表示各构造层的材质
		应按照实际尺寸建模表示安装构件
停车场	G1	宜用二维图形表示
	G2	应建模表示空间占位,可三维识别
	G3	应按照设计尺寸建模
	G4	应按照实际尺寸建模
附属设施	G1	宜用二维图形表示
	G2	应建模表示空间占位,可三维识别
	G3	应按照设计尺寸建模
	G4	应按照实际尺寸建模
		应按照实际尺寸建模表示安装构件

表 D.1-3　建筑专业的模型构件单元几何表达精度

模型构件单元	几何表达精度	几何表达精度要求
外墙	G1	宜用二维图形表示
	G2	应建模表示空间占位
		宜表示核心层和外饰面材质
		外墙定位基线宜与墙体核心层外表面重合,如有保温层,宜与保温层外表面重合
	G3	构造层应按设计厚度和材质建模
		外墙定位基线应与墙体核心层外表面重合,无核心层的外墙体,定位基线应与墙体内表面重合,有保温层的外墙体定位基线应与保温层外表面重合
	G4	构造层应按照实际厚度和材质建模
		应按照实际尺寸建模表示安装构件
		外墙定位基线应与墙体核心层外表面重合,无核心层的外墙体,定位基线应与墙体内表面重合,有保温层的外墙体定位基线应与保温层外表面重合
内墙	G1	宜用二维图形表示
	G2	应建模表示空间占位
		宜区分核心层和外饰面
		内墙定位基线宜与墙体核心层表面重合,如有隔声层,宜与隔声层外表面重合
	G3	构造层应按照设计厚度和材质建模
		内墙定位基线应与墙体核心层外表面重合,无核心层的外墙体,定位基线应与墙体内表面重合,有隔声的内墙体定位基线与隔声层外表面重合
	G4	构造层应按照实际厚度和材质建模
		应按照实际尺寸建模表示安装构件
		内墙定位基线应与墙体核心层外表面重合,无核心层的内墙体定位基线应与墙体内表面重合,有隔声层的外墙体定位基线应与隔声层外表面重合
特殊墙体	G1	宜用二维图形表示
	G2	应建模表示空间占位
		宜表示核心层和外饰面材质
		建筑柱定位基线宜与柱核心层表面重合,如有保温层,宜与保温层外表面重合
	G3	构造层应按设计厚度和材质建模
		建筑柱定位基线应与柱体核心层外表面重合,无核心层的建筑柱,定位基线应与建筑柱内表面重合,有保温层的建筑柱,定位基线应与保温层外表面重合

续表 D.1-3

模型构件单元	几何表达精度	几何表达精度要求
特殊墙体	G4	构造层应按照实际厚度和材质建模
		应按照实际尺寸建模表示安装构件
		建筑柱定位基线应与柱体核心层外表面重合,无核心层的建筑柱,定位基线应与建筑柱内表面重合,有保温层的建筑柱,定位基线应与保温层外表面重合
		构造柱构件的轮廓表达应与实际相符,即包括嵌接墙体部分(马牙槎)
门	G1	宜用二维图形表示
	G2	应表示框材、嵌板和门窗洞口
	G3	应表示框材、嵌板、主要安装构件
		应表示内嵌板的门窗
		门槛石和独立门套应建模
	G4	应按照实际尺寸建模表示框材、嵌板、门套、门槛石、主要安装构件
		应按照实际尺寸建模表示内嵌的门窗和百叶
窗	G1	宜用二维图形表示
	G2	应表示框材、嵌板和门窗洞口
	G3	应表示框材、嵌板、主要安装构件
		应表示内嵌板的门窗
		窗台板和独立的窗套应建模
	G4	应按照实际尺寸建模表示框材、嵌板、窗套、窗台板、百叶、主要安装构件
屋顶	G1	宜用二维图形表示
	G2	应建模表示空间占位
		平屋面建模可不考虑屋面坡度,且结构构造层顶面与屋面标高线宜重合
		坡屋面与异形屋面应按设计形状和坡度建模,主要结构支座顶标高与屋面标高线宜重合
	G3	应输入屋面各构造层的信息,构造层应按设计厚度建模
		楼板的核心层和其他构造层可按独立楼板类型分别建模
		平屋面建模宜考虑屋面坡度
		坡屋面与异形屋面应按设计形状和坡度建模,主要结构支座顶标高与屋面标高线宜重合
	G4	应输入屋面各构造层的信息,构造层应按照实际厚度建模
		楼板的核心层和其他构造层可按独立楼板类型分别建模
		平屋面建模应考虑屋面坡度
		坡屋面与异形屋面应按设计形状和坡度建模,主要结构支座顶标高与屋面标高线宜重合
		宜按照实际尺寸建模表示安装构件

模型构件单元	几何表达精度	几何表达精度要求
楼面、地面	G1	宜用二维图形表示
	G2	应建模表示空间占位
		除设计有要求外，无坡度楼板顶面应与设计标高重合，有坡度楼板根据设计意图建模
	G3	应输入楼板各构造层的信息，构造层应按照实际厚度建模
		楼板的核心层和其他构造层可按独立楼板类型分别建模
		主要的无坡度楼板建筑完成面应与标高线重合
	G4	应输入楼板各构造层的信息，构造层应按照实际厚度建模
		楼板的核心层和其他构造层可按独立楼板类型分别建模
		无坡度楼板建筑完成面应与标高线重合
运输系统	G1	宜用二维图形表示
	G2	应建模表示空间占位，可三维识别
	G3	应按设计尺寸和材质建模
		可采用生产商提供的成品设备信息模型
	G4	应按照实际尺寸建模表示主要支撑构件、支撑构件配件、安装构件
		可采用生产商提供的成品设备信息模型
坡道、台阶	G1	宜用二维图形表示
	G2	应建模表示空间占位，可三维识别
	G3	坡道或台阶应建模，并应输入构造层次信息，构造层应按设计厚度建模
	G4	坡道或台阶应建模，构造层应按照实际厚度建模
栏杆扶手	G1	宜用二维图形表示
	G2	应建模表示空间占位，可三维识别
	G3	应按照设计尺寸建模
	G4	应按照实际尺寸建模
檐口	G1	宜用二维图形表示
	G2	应建模表示空间占位，可三维识别
	G3	构造层应按设计厚度建模
	G4	构造层应按实际厚度建模
雨篷（雨棚）	G1	宜用二维图形表示
	G2	应建模表示空间占位，可三维识别
		雨篷板可按照设计意图划分
	G3	应按照设计尺寸建模表示雨篷板、主要支撑构件
	G4	应按照实际尺寸建模表示雨篷板、主要支撑构件、支撑构件配件、安装构件

续表 D.1-3

模型构件单元	几何表达精度	几何表达精度要求
变形缝	G1	宜用二维图形表示
	G2	宜用二维图形表示
	G3	宜用二维图形表示
	G4	应按实际尺寸建模表示安装构件,螺钉可不建模
压顶	G1	宜用二维图形表示
	G2	应建模表示空间占位
	G3	应按设计尺寸建模
	G4	应按实际尺寸建模
预埋构件	G1	宜用二维图形表示
	G2	宜用二维图形表示
	G3	应按设计尺寸建模
	G4	应按实际尺寸建模
孔洞	G1	宜用二维图形表示
	G2	应建模表示设计孔洞的空间占位
	G3	应建模表示设计孔洞的精确尺寸
	G4	应建模表示所有孔洞的实际尺寸
散水	G1	宜用二维图形表示
	G2	应建模表示空间占位
	G3	应按设计尺寸建模
	G4	应按实际尺寸和坡度建模,并区分构造层
楼地面附属构件	G1	宜用二维图形表示
	G2	应建模表示空间占位
	G3	应按照设计尺寸建模,盖板与排水沟应拆分建模
	G4	应按照实际尺寸建模,盖板与排水沟应拆分建模
墙体附属构件	G1	宜用二维图形表示
	G2	应建模表示空间占位
	G3	应按照设计尺寸建模
		构造柱、过梁、圈梁等二次结构可不建模
	G4	应按照实际尺寸建模
屋顶附属构件	G1	宜用二维图形表示
	G2	应建模表示空间占位
	G3	应按照设计尺寸建模
	G4	应按照实际尺寸建模,发光字牌、防坠落系统等主要安装构件应建模

模型构件单元	几何表达精度	几何表达精度要求
车库	G1	宜用二维图形表示
	G2	应建模表示空间占位
	G3	应按照设计尺寸建模
	G4	应按照实际尺寸建模
附属构件	G1	宜用二维图形表示
	G2	应建模表示空间占位
	G3	应按照设计尺寸建模
	G4	应按照实际尺寸建模，主要安装构件应建模
附属设施	G1	宜用二维图形表示
	G2	应建模表示空间占位
	G3	应按照设计尺寸建模
	G4	应按照实际尺寸建模，主要安装构件应建模
预制舱	G1	宜用二维图形表示
	G2	应建模表示空间占位，可三维识别
	G3	应按照设计尺寸建模
	G4	应按照实际尺寸建模
构造层	G1	宜用二维图形表示
	G2	宜用二维图形表示
	G3	应按设计尺寸建模
	G4	应按实际尺寸建模，应区分构造层
滴水线	G1	宜用二维图形表示
	G2	宜用二维图形表示
	G3	应按设计尺寸建模
	G4	应按照实际尺寸建模

表 D.1-4 结构专业的模型构件单元几何表达精度

模型构件单元	几何表达精度	几何表达精度要求
结构基础	G1	宜用二维图形表示
	G2	应建模表示空间占位和外部轮廓
	G3	应按设计尺寸对垫层进行建模
		后浇带在模型平面图中表达
		应区分带形基础、基础梁、独立基础、满堂基础、桩承台基础、设备基础,按设计尺寸进行建模
		有肋式带形基础其肋的高宽比在4:1以内时,肋与基础部分不分开建模;肋的高宽比超过4:1时,肋按墙或其他类型建模,基础部分按基础类型建模
		箱式满堂基础和框架式设备基础应区分柱、梁、墙、底板、顶板,按设计尺寸进行建模
		垫层和桩承台应采用桩身进行扣减
	G4	应按设计尺寸对垫层、后浇带进行建模
		应区分带形基础、基础梁、独立基础、满堂基础、桩承台基础、设备基础,按实际尺寸进行建模
		有肋式带形基础其肋的高宽比在4:1以内时,肋与基础部分不分开建模;肋的高宽比超过4:1时,肋按墙或其他类型建模,基础部分按基础类型建模
		箱式满堂基础和框架式设备基础应区分柱、梁、墙、底板、顶板,按实际尺寸进行建模
		垫层和桩承台应采用桩身进行扣减
集水坑、设备坑	G1	宜用二维图形表示
	G2	应建模表示空间占位和外部轮廓
	G3	按设计尺寸进行建模
	G4	按实际尺寸进行建模
结构墙柱、管廊结构	G1	宜用二维图形或图例表示
	G2	应建模表示空间占位和外部轮廓
	G3	后浇带在模型平面图中表达
		应区分矩形柱、异形柱,按设计尺寸进行建模
		依附于柱上的牛腿和升板的柱帽应按被依附的柱类型建模
	G4	按实际尺寸对后浇带进行建模
		应区分矩形柱、异形柱,按实际尺寸进行建模
		依附于柱上的牛腿和升板的柱帽应按被依附的柱类型建模
		结构墙、管廊应创建施工缝,相应构件沿施工缝分开建模

模型构件单元	几何表达精度	几何表达精度要求
梁	G1	宜用二维图形表示
	G2	应建模表示空间占位和外部轮廓
	G3	后浇带在模型平面图中表达
		应区分矩形梁和异形梁，按设计尺寸进行建模
	G4	按实际尺寸对后浇带进行建模
		应区分矩形梁、异形梁，按实际尺寸进行建模
板	G1	宜用二维图形表示
	G2	应建模表示空间占位和外部轮廓
	G3	后浇带在模型平面图中表达
		按设计尺寸进行建模
	G4	按实际尺寸对后浇带进行建模
		按实际尺寸进行建模
混凝土楼梯	G1	宜用二维图形表示
	G2	应建模表示空间占位和外部轮廓
	G3	应按设计尺寸进行建模，区分梯段、梯柱、梯梁、平台板，整体楼梯不区分梯段和平台板
	G4	应按实际尺寸进行建模，区分梯段、梯柱、梯梁、平台板，整体楼梯不区分梯段和平台板
钢筋	G1	宜用二维图形表示
	G2	宜用二维图形表示
	G3	宜用二维图形表示
	G4	各类配筋应按照实际尺寸、图纸标注、图集要求建模
		后浇带、洞口加强钢筋应按图纸标注、图集要求建模
		单个混凝土构件内的钢筋不允许碰撞，节点处钢筋允许碰撞
		钢筋搭接、焊接和套筒等接头可不建模
钢结构	G1	宜用二维图形表示
	G2	应建模表示主要受力构件
	G3	主要受力构件应按设计尺寸建模
		节点应建模表示空间占位
		安装构件可不建模
	G4	所有构件应按实际尺寸建模
木结构	G1	宜用二维图形表示
	G2	应建模表示主要受力构件

续表 D.1-4

模型构件单元	几何表达精度	几何表达精度要求
木结构	G3	主要受力构件应按设计尺寸建模
		主要安装构件应建模
	G4	应按照实际尺寸建模
砌体结构	G1	宜用二维图形表示
	G2	应建模表示空间占位和外部轮廓
	G3	应按设计尺寸建模
	G4	应按实际尺寸建模
预埋构件	G1	宜用二维图形表示
	G2	应建模表示空间占位和外部轮廓
	G3	应按设计尺寸建模
	G4	应按实际尺寸建模
附属构件	G1	宜用二维图形表示
	G2	天沟、反坎、翻边应建模表示空间占位和外部轮廓
	G3	天沟、反坎、翻边应按设计尺寸建模
	G4	应按实际尺寸对所有附属构件进行建模
孔洞	G1	宜用二维图形表示
	G2	应建模表示设计孔洞的空间占位
	G3	应建模表示设计孔洞的精确尺寸
	G4	应建模表示所有孔洞的实际尺寸

表 D.1-5　给排水专业的模型构件单元几何表达精度

模型构件单元	几何表达精度	几何表达精度要求
设备	G1	宜用二维图形表示
	G2	应建模表示空间占位和外部轮廓，可三维识别
	G3	应建模表示设备设计尺寸及主要外部构造
		应表达水池、水箱的连接管道、阀门、管件等连接部位
	G4	应按照产品的实际尺寸建模，表示外部构造，内部构造满足运维需求
井（检查井、水表井、洒水栓井、消火栓井、阀门井）	G1	宜用二维图形表示
	G2	应建模表示空间占位和外部轮廓
	G3	应建模表示构件设计尺寸
	G4	宜按照图集或者产品的实际尺寸建模，表示外部构造及内部构件
管道、管件、保温层、喷头	G1	宜用二维图形表示
	G2	应建模表示管道、管件空间占位和外部轮廓
	G3	应按管道、管件的设计尺寸及材质建模，管道支管应建模
		有坡度的管道应按设计坡度建模（卫生间排水支管建模可不带坡度，但须增加坡度信息）
	G4	管道、管件应按照实际规格尺寸、坡度及材质建模，管线支管应建模
		保温层、法兰片、喷头应按实际尺寸及材质建模
管路附件	G1	宜用二维图形表示
	G2	应建模表示管道附件空间占位和外部轮廓
	G3	应建模表示构件的主要外部构造、设计尺寸、材质及连接方式
	G4	应建模表示构件的实际尺寸、材质、连接方式、安装附件等
支吊架	G1	宜用二维图形表示
	G2	宜用二维图形表示
	G3	宜用二维图形表示
	G4	应建模表示构件的实际尺寸、材质、连接方式、安装附件等

表 D.1-6　暖通专业的模型构件单元几何表达精度

模型构件单元	几何表达精度	几何表达精度要求
设备	G1	宜用二维图形表示
	G2	应建模表示设备空间占位和外部轮廓,可三维识别
	G3	应建模表示设备设计尺寸及主要外部构造
		应表达其连接管道、阀门、管件等连接部位
	G4	应按照产品的实际尺寸建模,表示设备的外部构造、内部构造均应满足运维需求
风管、风管管件、风道末端	G1	宜用二维图形表示
	G2	应建模表示风管、风管管件、风道末端的空间占位和外部轮廓
	G3	风管、风管管件、风道末端应按设计规格尺寸及材质建模,风管支管应建模
	G4	风管、风管管件、风道末端应按实际规格尺寸、连接方式及材质建模,风管支管应建模
		保温层应按照实际尺寸及材质建模
		应按管道实际安装尺寸进行分节
液体输送管道、管件、保温层	G1	宜用二维图形表示
	G2	应建模表示管道、管件空间占位和外部轮廓
	G3	应按管道、管件的设计尺寸及材质建模,管道支管应建模
		有坡度的管道、管件应按设计坡度建模(空调末端冷凝水管支管建模可不带坡度,但须加坡度信息)
	G4	管道、管件应按照实际规格尺寸、坡度、连接方式及材质建模,管线支线应建模
		有坡度的管道、管件应按实际坡度建模
		保温层应按照实际尺寸及材质建模
风管附件、管路附件	G1	宜用二维图形表示
	G2	应建模表示风管附件、管道附件空间占位和外部轮廓
	G3	应建模表示风管附件、管道附件的主要外部构造、设计尺寸、材质及连接方式
	G4	应建模表示风管附件、管道附件的实际尺寸、材质、连接方式、安装附件等
风管支吊架和管道支吊架	G1	宜用二维图形表示
	G2	宜用二维图形表示
	G3	宜用二维图形表示
	G4	应建模表示构件的实际尺寸、材质、连接方式、安装附件等

表 D.1-7　电气专业的模型构件单元几何表达精度

模型构件单元	几何表达精度	几何表达精度要求
设备	G1	宜用二维图形表示
	G2	应建模表示主体空间占位，可三维识别
	G3	应建模表示设备尺寸及主要外部构造
		应建模表示其连接电缆桥架、母线等安装位置及尺寸
	G4	应按产品的实际尺寸建模，表示外部构造、内部构造满足运维需求
电缆桥架及配件	G1	宜用二维图形表示
	G2	应按桥架的规格尺寸建模
	G3	应按桥架的设计规格尺寸及材质建模
		有防火包裹的应按包裹材质及厚度添加属性信息
	G4	应按桥架实际规格尺寸及材质建模
		有防火包裹的应按包裹材质及厚度添加属性信息
		宜按桥架实际安装尺寸进行分节
		宜按实际尺寸建模安装配件
电缆、电线敷设	G1	宜用二维图形表示
	G2	宜用二维图形表示
	G3	变电站内、配电站内、室外及室外进入室内的干线电缆应建模表示构件尺寸
		室内电缆及电线宜用二维图形表示
	G4	电缆、电缆头应按产品的实际尺寸、构造信息建模，预留电缆不建模；不考虑电缆的悬垂按直线建模
		电线宜用二维图形表示
电气线路敷设配线管	G1	宜用二维图形表示
	G2	宜用二维图形表示
	G3	管径 32mm 以上的配线管应建模表示构件尺寸
	G4	应按产品的实际尺寸建模
接闪带、接地测试点等	G1	宜用二维图形表示
	G2	宜用二维图形表示
	G3	应建模表示构件的几何特征，接闪带、端子箱应建模
	G4	应按产品的实际尺寸、构造信息建模
灯具、电气末端（开关、插座等）	G1	宜用二维图形表示
	G2	应建模表示空间占位，可三维识别
	G3	应按设计尺寸建模，表示外部构造
	G4	应按产品的实际尺寸建模，表示外部构造

续表 D.1-7

模型构件单元	几何表达精度	几何表达精度要求
支吊架	G1	宜用二维图形表示
	G2	宜用二维图形表示
	G3	室内支吊架宜用二维图形表示
		管廊和电气井内支吊架应建模表示构件的设计尺寸及材质
	G4	应建模表示构件的实际尺寸、材质、连接方式、安装附件等
井(检查井、强电井、接线井)、线杆	G1	宜用二维图形表示
	G2	应建模表示空间占位和外部轮廓,可三维识别
	G3	应建模表示构件设计尺寸
	G4	应按图集或者产品的实际尺寸建模,表示外部构造及内部构件
防火封堵、管枕	G1	宜用二维图形表示
	G2	宜用二维图形表示
	G3	宜用二维图形表示
	G4	应按实际尺寸、构造信息建模

注:电线为电气末端连接的线路。

表 D.1-8　智能化专业的模型构件单元几何表达精度

模型构件单元	几何表达精度	几何表达精度要求
设备	G1	宜用二维图形表示
	G2	应建模表示主体空间占位，可三维识别
	G3	应建模表示设备尺寸及主要外部构造
		应建模表示其连接电缆桥架、母线等安装位置及尺寸
	G4	应按产品的实际尺寸建模，表示外部构造、内部构造满足运维需求
		机柜内设备应单独建模
桥架及配件	G1	宜用二维图形表示
	G2	应按桥架的规格尺寸建模
	G3	应按桥架的设计规格尺寸及材质建模
		有防火包裹的宜按包裹材质及厚度添加属性信息
	G4	应按桥架实际规格尺寸及材质建模
		有防火包裹的宜按包裹材质及厚度添加属性信息
		宜按桥架实际安装尺寸进行分节
		宜按实际尺寸建模安装配件
智能化线路敷设及配线管	G1	宜用二维图形表示
	G2	宜用二维图形表示
	G3	管径 32mm 以上的配线管应建模表示构件尺寸
	G4	配线管应按产品的实际尺寸建模
		室外及室外至光交箱的主干光缆应按实际尺寸建模
井（人孔井、手孔井等）	G1	宜用二维图形表示
	G2	应建模表示空间占位和外部轮廓，可三维识别
	G3	应建模表示构件设计尺寸
	G4	应按图集或者产品的实际尺寸建模，表示外部构造及内部构件
支吊架	G1	宜用二维图形表示
	G2	宜用二维图形表示
	G3	室内支吊架宜用二维图形表示，管廊支吊架应建模表示构件的设计尺寸及材质
	G4	应建模表示构件的实际尺寸、材质、连接方式、安装附件等

表 D.1-9　内装专业的模型构件单元几何表达精度

模型构件单元	几何表达精度	几何表达精度要求
室内装饰构造（地面、墙面、天棚、踢脚、门窗、楼梯面、台阶面）、隔断	G1	宜用二维图形表示
	G2	应建模表示空间占位
		宜表达基层、面层、嵌板
	G3	应按设计尺寸建模表示基层、面层、嵌板
	G4	应按实际尺寸建模表示基层、面层、嵌板
		主要支撑构件、龙骨应建模
		宜表达板块分格
给排水末端（卫浴装置）	G1	宜用二维图形表示
	G2	应建模表示空间占位，可三维识别
	G3	应按设计尺寸建模，表示外部构造
	G4	应按产品的实际尺寸建模，表示外部构造
电气末端（包括开关、插座、灯具等）	G1	宜用二维图形表示
	G2	应建模表示空间占位，可三维识别
	G3	应按设计尺寸建模，表示外部构造
	G4	应按产品的实际尺寸建模，表示外部构造
家具家电	G1	宜用二维图形表示
	G2	应建模表示空间占位，可三维识别
	G3	应按设计尺寸建模，表示外部构造
	G4	应按产品的实际尺寸建模，表示外部构造
楼地面附属	G1	宜用二维图形表示
	G2	应建模表示空间占位
	G3	应按设计尺寸建模，表示基层、面层、主要安装构件
	G4	应按实际尺寸建模，表示基层、面层、主要安装构件
门窗装饰	G1	宜用二维图形表示
	G2	宜用二维图形表示
	G3	应按设计尺寸建模
	G4	应按实际尺寸建模，表示主要安装构件
其他装饰	G1	宜用二维图形表示
	G2	宜用二维图形表示
	G3	应按设计尺寸建模
	G4	应按实际尺寸建模，表示主要安装构件

表 D.1-10　幕墙专业的模型构件单元几何表达精度

模型构件单元	几何表达精度	几何表达精度要求
幕墙	G1	宜用二维图形表示
	G2	应建模表示嵌板、支撑构件的空间占位，包括横竖型材和钢结构主受力构件
		嵌板应按设计意图拆分建模
	G3	应建模表示嵌板、支撑构件，包括横竖型材和钢结构主受力构件的尺寸、材质
		嵌板应按设计尺寸拆分建模
		应建模表示内嵌门窗和百叶的尺寸、材质
		应建模表示幕墙竖梃和横撑的断面
	G4	应按照产品的实际尺寸表示嵌板、受力构件、受力构件配件、安装构件、密封材料
		应按照产品的实际尺寸建模表示内嵌门窗和百叶的尺寸、材质、框材、嵌板、主要安装构件、密封材料
雨篷	G1	宜用二维图形表示
	G2	应建模表示主要框材、嵌板的空间占位
		嵌板应按设计意图拆分建模
	G3	应建模表示雨篷板、主要受力构件、主要安装构件的尺寸、材质
		雨篷板应按设计尺寸拆分建模
	G4	应按照产品的实际尺寸建模表示雨篷板、受力构件、受力构件的配件、主要安装构件、密封材料
采光顶	G1	宜用二维图形表示
	G2	应建模表示嵌板、主要支撑构件的空间占位，包括横竖型材和钢结构主受力构件
		嵌板应按设计意图拆分建模
	G3	应建模表示嵌板、主要受力构件、主要支撑构件，包括横竖型材和钢结构主受力构件的尺寸、材质
		嵌板应按设计尺寸拆分建模
		应建模表示人孔、百叶的尺寸、材质
		应建模表示幕墙竖梃和横撑的断面
	G4	应按产品的实际尺寸建模表示嵌板、支撑构件、支撑构件的配件、安装构件、密封材料
		应按产品的实际尺寸表示人孔、百叶的尺寸、材质
外部造型、线条工程	G1	宜用二维图形表示
	G2	应建模表示基层、面层、嵌板、雨篷板的空间占位

续表 D.1-10

模型构件单元	几何表达精度	几何表达精度要求
外部造型、线条工程	G3	应建模表示基层、面层、嵌板、雨篷板主要支撑构件、主龙骨的尺寸和材质
		基层、面层、嵌板、雨篷板应按设计尺寸拆分建模
	G4	应按产品的实际尺寸建模表示基层、面层、嵌板、雨篷板、主要支撑构件、龙骨
其他配件	G1	宜用二维图形表示
	G2	应建模表示天窗、天沟、收口等构件的空间占位
	G3	应建模表示天窗、天沟、收口、封堵、主要安装构件的尺寸和材质
	G4	应按产品的实际尺寸和材质建模，表示天窗、天沟、收口、封堵、主要安装构件和预埋件

表 D.1-11　景观专业的模型构件单元几何表达精度

模型构件单元	几何表达精度	几何表达精度要求
铺装	G1	宜用二维图形表示
	G2	应建模表示空间占位
	G3	应建模表示铺装设计尺寸与材质
	G4	应建模表示铺装实际尺寸与材质
构筑物	G1	宜用二维图形表示
	G2	应建模表示空间占位，可三维识别
	G3	应建模表示设计尺寸与材质，小品可三维识别
	G4	应建模表示实际尺寸与材质
		小品应建模表示主要外部构造
景观电气及给排水设备	G1	宜用二维图形表示
	G2	应建模表示空间占位和外部轮廓，可三维识别
	G3	应建模表示设备设计尺寸及主要外部构造
		应表达水池、水箱的连接管道、阀门、管件等连接部位
	G4	应按照产品的实际尺寸建模，表示外部构造
电气线路敷设配线管	G1	宜用二维图形表示
	G2	宜用二维图形表示
	G3	管径 32mm 以上的配线管应建模表示构件尺寸
	G4	应按产品的实际尺寸建模
给排水管道、管件	G1	宜用二维图形表示
	G2	宜用二维图形表示
	G3	应按管道、管件的设计尺寸及材质建模，管道支管应建模
	G4	管道、管件应按照实际规格尺寸、材质建模，管线支管应建模
		喷头应按实际尺寸及材质建模

续表 D.1-11

模型构件单元	几何表达精度	几何表达精度要求
给排水管路附件	G1	宜用二维图形表示
	G2	宜用二维图形表示
	G3	应建模表示构件的主要外部构造、设计尺寸、材质及连接方式
	G4	应建模表示构件的实际尺寸、材质、连接方式、安装附件等
停车场	G1	宜用二维图形表示
	G2	应建模表示大致的尺寸、形状和方向
	G3	应建模表示设计尺寸与材质
	G4	应建模表示实际尺寸与材质
绿化工程	G1	宜以三维形态表示草坪、树木的范围
	G2	应建模区分水体、草坪及树木种类
	G3	应按设计尺寸建模，区分水体、草坪及树木种类等
	G4	应按实际尺寸建模，区分水体、草坪及树木种类等

表 D.1-12　标识专业的模型构件单元几何表达精度

模型构件单元	几何表达精度	几何表达精度要求
标线	G1	宜用二维图形表示
	G2	应建模表示空间占位和外部轮廓
	G3	应建模表示标线的设计尺寸、颜色，应贴合路面建模
	G4	应建模表示实际尺寸与颜色
标识、标牌	G1	宜用二维图形表示
	G2	应建模表示空间占位和外部轮廓
	G3	应建模表示标识和标牌的设计尺寸、颜色
	G4	应建模表示标识和标牌的实际尺寸、颜色

表 D.1-13　设备工艺专业的模型构件单元几何表达精度

模型构件单元	几何表达精度	几何表达精度要求
设备	G1	宜用二维图形表示
	G2	应建模表示主体空间占位，可三维识别
	G3	应建模表示设备尺寸及主要外部构造
		应表达其连接管道、阀门、管件、附属设备或基座等安装位置及尺寸
	G4	应按产品的实际尺寸建模，表示设备的外部构造、内部构造均应满足运维需求
桥架及配件	G1	宜用二维图形表示
	G2	应按桥架的规格尺寸建模

续表 D.1-13

模型构件单元	几何表达精度	几何表达精度要求
桥架及配件	G3	应按桥架的设计规格尺寸及材质建模
		有防火包裹的宜按包裹材质及厚度添加属性信息
	G4	应按桥架实际规格尺寸及材质建模
		有防火包裹的宜按包裹材质及厚度添加属性信息
		宜按桥架实际安装尺寸进行分节
		宜按实际尺寸对安装配件进行建模
支吊架	G1	宜用二维图形表示
	G2	宜用二维图形表示
	G3	宜用二维图形表示
	G4	应建模表示构件的实际尺寸、材质、连接方式、安装附件等

表 D.1-14 地质专业的模型构件单元几何表达精度

模型构件单元	几何表达精度	几何表达精度要求
地质点	G1	宜以点状图元表示,不同类型的调查点应以不同图形、颜色进行区分
	G2	应以点状图元表示,不同类型的调查点应以不同图形、颜色进行区分
	G3	应以点状图元表示,不同类型的调查点应以不同图形、颜色进行区分
	G4	应以点状图元表示,不同类型的调查点应以不同图形、颜色进行区分
地质界线	G1	地表覆盖层分布范围宜以面状图元进行表达,并赋予颜色进行区分
		基岩出露范围宜以面状图元进行表达,并赋予不同颜色
		地质填图内容与区域地质资料匹配,填图所用底图的比例尺不小于 1:50000
	G2	地表覆盖层分布范围应以面状图元进行表达,并赋予颜色进行区分
		基岩出露范围应以面状图元进行表达,并赋予不同颜色
		地质填图内容应与区域地质资料匹配,填图所用底图的比例尺不小于 1:10000
	G3	地表覆盖层分布范围应以面状图元进行表达,并赋予颜色进行区分
		基岩出露范围应以面状图元进行表达,并赋予不同颜色
		地质填图内容应与区域地质资料匹配,填图所用底图的比例尺不小于 1:2000
	G4	地表覆盖层分布范围应以面状图元进行表达,并赋予颜色进行区分
		基岩出露范围应以面状图元进行表达,并赋予不同颜色
		地质填图内容应与区域地质资料匹配,填图所用底图的比例尺不小于 1:2000
地质剖面	G1	宜用二维图形表示
	G2	应以线状图元表达地质剖面的岩土分层界线、风化界线及地下水位线
		应以面状图元填充剖面上的封闭区域,如地层、地下水体等
		不同地质信息应以颜色进行区分

模型构件单元	几何表达精度	几何表达精度要求
地质剖面	G3	应以线状图元表达地质剖面的岩土分层界线、风化界线及地下水位线
		应以面状图元填充剖面上的封闭区域，如地层、地下水体等
		不同地质信息应以颜色进行区分
	G4	应以线状图元表达地质剖面的岩土分层界线、风化界线及地下水位线
		应以面状图元填充剖面上的封闭区域，如地层、地下水体等
		不同地质信息应以颜色进行区分
地质界面	G1	宜用二维图形表示
	G2	应以面状图元表达岩体结构面、风化界面和地质构造界面等信息
		不同地质信息应以颜色进行区分
	G3	应以面状图元表达岩体结构面、风化界面和地质构造界面等信息
		不同地质信息应以颜色进行区分
	G4	应以面状图元表达岩体结构面、风化界面和地质构造界面等信息
		不同地质信息应以颜色进行区分
地质体	G1	宜用二维图形表示
	G2	应以体量化图元表达岩土分层、不良地质体等信息
		地层三维模型之间应无空隙、无交叠
		不同地质信息应以颜色进行区分
	G3	应以体量化图元表达岩土分层、取样及不良地质体等信息
		地层三维模型之间应无空隙、无交叠，地层和透镜体应建立三维模型
		不同地质信息应以颜色或纹理进行区分
	G4	应以体量化图元表达岩土分层、取样及不良地质体等信息
		地层三维模型之间应无空隙、无交叠，地层和透镜体应建立三维模型
		不同地质信息应以颜色或纹理进行区分
地下水	G1	宜用二维图形表示
	G2	应以面状图元表达地下水位面
	G3	应以面状图元表达地下水位面
		勘探实物工作量足够时，应以体量化图元表达地下水富水区范围
		不同类型的地下水应赋予不同的颜色进行区分
	G4	应以面状图元表达地下水位面
		勘探实物工作量足够时，应以体量化图元表达地下水富水区范围
		不同类型的地下水应赋予不同的颜色进行区分

续表 D.1-14

模型构件单元	几何表达精度	几何表达精度要求
不良地质体	G1	宜以点状图元表示,标识在不良地质体的几何中心
	G2	应以面状图元表示,反映不良地质体的范围
	G3	应以体量化图元表示,反映不良地质体的三维形态; 应划分不良地质体内部结构,如边坡滑动面、软弱结构面等
	G4	应以体量化图元表示,反映不良地质体的三维形态; 应划分不良地质体内部结构,如边坡滑动面、软弱结构面等
钻孔	G1	宜以二维圆圈表示场地内收集到的历史钻孔
	G2	应以三维线段表达,准确反映钻孔的平面位置、深度等信息
		应以体量化图元表达岩土分层信息
		应以面状图元表达岩体风化界面和地下水位面
		不同地质信息应以颜色进行区分
	G3	应以三维主体等本量化图元表达,准确反映钻孔的平面位置、深度、孔径等信息
		应以不同颜色区分不同类型的钻孔
		应以体量化图元表达岩土分层、取样及不良地质体等信息
		应以面状图元表达岩体风化界面和地下水位面
		不同地质信息应以颜色或材质进行区分
	G4	应以三维主体等本量化图元表达,准确反映钻孔的平面位置、深度、孔径等信息
		应以不同颜色区分不同类型的钻孔
		应以体量化图元表达岩土分层、取样及不良地质体等信息
		应以面状图元表达岩体风化界面和地下水位面
		不同地质信息应以颜色或材质进行区分
探槽、探井及探坑	G1	宜用二维图形表示
	G2	应以体量化图元表达探槽、探井及探坑的位置及尺寸等信息
	G3	应以体量化图元表达探槽、探井及探坑的位置及尺寸等信息
		应以体量化图元表达岩土分层、取样等信息
	G4	应以体量化图元表达探槽、探井及探坑的位置及尺寸等信息
		应以体量化图元表达岩土分层、取样等信息

模型构件单元	几何表达精度	几何表达精度要求
物探信息	G1	宜用二维图形表示
	G2	应以点状图元表达物探布置范围
		应以面状图元表达岩土分层、不良地质体范围等信息
	G3	应以面状图元表达物探布置范围,包括平面位置和深度
		不同的测试类型应采用不同的面状图元来表达
		应以三维体量化图元表达岩土分层、地质构造界面、地下水富水区及不良地质体(溶洞、地下空洞)等信息
		不同地质信息应以颜色进行区分
	G4	应以面状图元表达物探布置范围,包括平面位置和深度
		不同的测试类型应采用不同的面状图元来表达
		应以三维体量化图元表达岩土分层、地质构造界面、地下水富水区及不良地质体(溶洞、地下空洞)等信息
		不同地质信息应以颜色进行区分
原位测试信息	G1	宜用二维图形表示
	G2	应以点状图元表示,必要时可与钻孔信息合并
	G3	应以点状图元表示,必要时可与钻孔信息合并
	G4	应以点状图元表示,必要时可与钻孔信息合并
室内实验	G1	宜用二维图形表示
	G2	应以点状图元表示,必要时可与钻孔信息合并
	G3	应以点状图元表示,必要时可与钻孔信息合并
	G4	应以点状图元表示,必要时可与钻孔信息合并
环境边坡	G1	宜用二维图形表示
	G2	应以面状图元表示,反映边坡开挖范围
	G3	应以体量化图元表示,应以精确几何形体表达位置、尺寸信息
		应在剖切视图中反映边坡与拟建物的相对关系
	G4	应以体量化图元表示,应以精确几何形体表达位置、尺寸信息
		应在剖切视图中反映边坡与拟建物的相对关系

表 D.1-15 岩土工程专业的模型构件单元几何表达精度

模型构件单元	几何表达精度	几何表达精度要求
土石方工程	G1	宜用二维图形表示
	G2	宜以多面形体表达填挖方的三维形态
	G3	应以精确几何体表达填方体、挖方体的形状、位置、标高,并以颜色或材质区分
		应按设计尺寸及材质建模
	G4	应以精确几何体表达填方体、挖方体的形状、位置、标高,并以颜色或材质区分
		应按实际尺寸及材质建模

续表 D.1-15

模型构件单元	几何表达精度	几何表达精度要求
边坡(基坑)工程	G1	宜用二维图形表示
	G2	宜以平面多面形体表达坑底、边坡体的三维形态
		应以平面多面形体表达边坡体(浆砌石、石料、围界、压顶梁、碎石垫层、无纺土工布)
		应以平面多面形体表达边坡支挡结构(挡墙、支护桩、锚杆、锚索、土钉、钢支撑活络头、混凝土腰梁、钢腰梁等)
		应以不同颜色和材质区分模型构件
	G3	应能精确表达(开挖、填方、基坑)边坡体的三维形态
		应以精确几何体表达边坡体(浆砌石、石料、围界、压顶梁、碎石垫层、无纺土工布)
		应以精确几何体表达支挡结构(挡墙、支护桩、锚杆、锚索、土钉)
		应以不同颜色和材质区分模型构件及同一构件不同材料
	G4	应能精确表达(开挖、填方、基坑)边坡体的三维形态
		应以精确几何体表达边坡体(浆砌石、石料、围界、压顶梁、碎石垫层、无纺土工布)
		应以精确几何体表达支挡结构(挡墙、支护桩、锚杆、锚索、土钉)
		应以不同颜色和材质区分模型构件及同一构件不同材料
地基处理工程	G1	宜用二维图形表示
	G2	应以平面多面形体表达沟塘处理、强夯置换、堆载预压、强夯施工、土方填筑的三维形态
		应以平面多面形体表达排水板、土工布三维形态
		应以不同颜色和材质区分模型构件、工艺分区类型
	G3	应以精确几何体表达沟塘处理、强夯置换、堆载预压、强夯施工、土方填筑的三维形态
		应以精确几何体或面表达排水板、土工布三维形态
		应以不同颜色和材质区分模型构件、工艺分区类型
	G4	应以精确几何体表达沟塘处理、强夯置换、堆载预压、强夯施工、土方填筑的三维形态
		应以精确几何体或面表达排水板、土工布三维形态
		应以不同颜色和材质区分模型构件、工艺分区类型
围堰工程	G1	宜用二维图形表示
	G2	应以平面多面形体表达围堰体的三维形态
		应以不同颜色和材质区分围堰模型构件

模型构件单元	几何表达精度	几何表达精度要求
围堰工程	G3	应以精确几何体表达围堰体的三维形态
		应以精确几何体或面表达围堰石料、土工布
		应以不同颜色和材质区分围堰模型构件
		宜按设计尺寸及材质建模
	G4	应以精确几何体表达围堰体的三维形态
		应以精确几何体或面表达围堰石料、土工布
		应以不同颜色和材质区分围堰模型构件
		宜按实际尺寸及材质建模
降排水工程	G1	宜用二维图形表示
	G2	应建模表示降水井及设备、排水板、集水井、排水盲沟的三维形态
		应以不同颜色和材质区分模型构件及同一构件不同材料
	G3	应以精确几何体表达降水井及设备、排水板、集水井、排水盲沟的三维形态
		应以不同颜色和材质区分模型构件及同一构件不同材料
		宜按设计尺寸及材质建模
	G4	应以精确几何体表达降水井及设备、排水板、集水井、排水盲沟的三维形态
		应以不同颜色和材质区分模型构件及同一构件不同材料
		宜按实际尺寸及材质建模
便道、便桥工程	G1	宜用二维图形表示
	G2	应以平面多面形体表达便道、便桥上下部结构的三维形态
		应以不同颜色和材质区分模型构件及同一构件不同材料
	G3	应以精确几何体表达便道、便桥上下部结构的三维形态
		应以不同颜色和材质区分模型构件及同一构件不同材料
		宜按设计尺寸及材质建模
	G4	应以精确几何体表达便道、便桥上下部结构的三维形态
		应以不同颜色和材质区分模型构件及同一构件不同材料
		宜按实际尺寸及材质建模
监测系统	G1	宜用二维图形表示
	G2	应以点模型表达沉降检测点、孔隙水压力监测点、水平位移观测点等观测监测点
	G3	应以点模型（设计定位）表达沉降检测点、孔隙水压力监测点、水平位移观测点等观测监测点
		应以不同颜色和材质区分模型构件，准确表达不同构件的位置
	G4	应准确定位和表达沉降检测点、孔隙水压力监测点、水平位移观测点等观测监测点的三维形态
		应以不同颜色和材质区分模型构件，准确表达不同构件的位置

表 D.1-16　场道专业的模型构件单元几何表达精度

模型构件单元	几何表达精度	几何表达精度要求
土方地势	G1	宜建模表示大致的尺寸、形状和方向
	G2	应建模表示设计尺寸、形状和方向
	G3	应建模表示设计尺寸与标高
	G4	应建模表示实际尺寸与标高
		原地势标高水域区以水底标高为准，地上草木构筑物不计标高；设计地势面应包括道面、土面的准确标高、形状，网格分界宜与场内各分区边界一致，应采用三角网格面均匀布置
道面	G1	应以三维形体表示整体长度和宽度、坡度、走向等
	G2	应建模表示设计尺寸、形状和方向
	G3	应建模表示设计尺寸
		应表达铺面面层和基层、道肩、地锚、传力杆、接缝、静电接地，铺面面层应分块建模
	G4	应建模表示实际尺寸
		应表达铺面面层和基层、道肩、地锚、传力杆、接缝、静电接地、加筋补强，铺面面层应分块建模
标志标线	G1	宜用二维图形表示
	G2	应体量化建模表示空间占位
	G3	应建模表示设计尺寸、颜色与形状
	G4	应建模表示实际尺寸、颜色与形状
		标志线相交部位应合并取并集，部分重叠部位按实际施工顺序可不合并
围界	G1	宜用二维图形表示
	G2	应建模表示空间占位，表示主要外观特征
	G3	应建模表示设计尺寸、标高、标识和主要外观特征
	G4	应建模表示实际尺寸和标高
		应表示详细外观特征，表达围栏、刺笼（包括爷刀刺）、标识、基础、支撑，模型表面宜有可正确识别的材质
排水	G1	宜用二维图形表示
	G2	应建模表示排水沟主体的占位空间、走向和外部轮廓，复杂节点可不建模
	G3	应建模表示设计尺寸与坡度，每一种节点类型至少有一处建模，其余节点建模表示空间占位
		应建模表示集水井、交汇井、排水口和雨水口，伸缩缝可不建模
	G4	应建模表示实际尺寸与坡度，所有节点均应建模
		应建模表示集水井、交汇井、排水口、雨水口及其附属构件
		应按实际尺寸建模表示排水沟的构造层及伸缩缝的填料、传力杆

表 D.1-17　助航灯光专业的模型构件单元几何表达精度

模型构件单元	几何表达精度	几何表达精度要求
助航灯具	G1	宜用二维图形表示
	G2	应建模表示主体空间占位，可三维识别
	G3	应建模表示灯具和灯杆尺寸、主要外部构造
		灯具应加编号信息
	G4	应按产品的实际尺寸建模，表示外部构造
		灯具应加编号信息
助航设备、机坪设备	G1	宜用二维图形表示
	G2	应建模表示主体空间占位，可三维识别
	G3	应建模表示设备尺寸及安装位置、主要外部构造
		应建模表示其连接电缆桥架、母线等安装位置及尺寸
	G4	应按照设备的实际尺寸建模，表示设备的外部构造、内部构造均应满足运维需求
电缆及电线敷设	G1	宜用二维图形表示
	G2	宜用二维图形表示
	G3	室外及室外进入室内的干线电缆应建模表示构件尺寸
		电缆应加电气回路信息
		室内电缆及电线宜用二维图形表示
	G4	电缆、电缆头应按产品的实际尺寸、构造信息建模，预留电缆不建模；不考虑电缆的悬垂，按直线建模
		电缆应加电气回路信息
		电线宜用二维图形表示
电缆保护管、包封	G1	宜用二维图形表示
	G2	应建模表示包封的空间占位和外部轮廓
	G3	应按电缆保护管、包封的设计尺寸及材质建模
	G4	应按电缆保护管、包封的实际尺寸及材质建模
电缆井、地井	G1	宜用二维图形表示
	G2	应建模表示空间占位和外部轮廓
	G3	应建模表示构件设计尺寸
	G4	应按图集或产品的实际尺寸建模，表示外部构造及内部构件

表 D.1-18　航管专业的模型构件单元几何表达精度

模型构件单元	几何表达精度	几何表达精度要求
设备	G1	宜用二维图形表示
	G2	应建模表示空间占位,可三维识别
	G3	应建模表示设备尺寸、主要外部构造
		应建模表示其连接电缆桥架、母线、附属设备或基座等安装位置及尺寸
	G4	应按照设备的实际尺寸建模,表示设备的外部构造、内部构造均应满足运维需求
通信井	G1	宜用二维图形表示
	G2	应建模表示空间占位和外部轮廓,可三维识别
	G3	应建模表示构件设计尺寸
	G4	应按图集或者产品的实际尺寸建模,表示外部构造及内部构件
桥架及配件	G1	宜用二维图形表示
	G2	应建模表示主体空间占位
	G3	应按桥架的实际规格尺寸及材质建模
		有防火包裹的宜按包裹材质及厚度添加属性信息
		宜按桥架实际安装尺寸进行分节
	G4	应按桥架实际规格尺寸及材质建模
		有防火包裹的宜按包裹材质及厚度添加属性信息
		宜按桥架实际安装尺寸进行分节
		宜按实际尺寸建模安装配件
线路敷设配线管	G1	宜用二维图形表示
	G2	宜用二维图形表示
	G3	管径 32 mm 以上的配线管应建模表示构件尺寸
	G4	应按产品的实际尺寸建模
支吊架	G1	宜用二维图形表示
	G2	宜用二维图形表示
	G3	宜用二维图形表示
	G4	应建模表示构件的实际尺寸、材质、连接方式、安装附件等

表 D.1-19　道路专业的模型构件单元几何表达精度

模型构件单元	几何表达精度	几何表达精度要求
道路	G1	宜以三维模型表示道路宽度、走向等
	G2	应建模表示设计尺寸、形状与方向
	G3	应建模表示精确设计尺寸,应建模区分面层、基层等
	G4	应建模表示面层、基层等实际尺寸,并按实际施工情况与市政管线、管井等作扣减处理;应建模表示横纵施工缝、缩缝、胀缝的构造做法(包括传力杆、拉杆、补强筋等)
边坡、挡墙	G1	宜用二维图形表示
	G2	应建模表示空间占位和外部轮廓
	G3	应建模表示精确设计尺寸
	G4	应建模表示实际尺寸;挡墙应表示泄水管道、背部填料等
附属结构	G1	宜用二维图形表示
	G2	应建模表示空间占位和外部轮廓
	G3	应建模表示精确设计尺寸
	G4	应建模表示实际尺寸
		盲道应避免与井盖、标志牌、路灯、车止石等碰撞,应建模区分前进盲道与提示盲道

表 D.1-20　桥梁专业的模型构件单元几何表达精度

模型构件单元	几何表达精度	几何表达精度要求
上部结构、下部结构	G1	宜建模表示桥梁上部结构宽度和走向、下部结构的空间占位
	G2	应建模表示空间占位和外部轮廓
	G3	构造层应按照设计厚度建模
		应表示各构造层的材质
		应表示结构设计尺寸
	G4	宜按照产品的实际尺寸、构造信息建模
		构造层应按实际厚度建模
		应表示各构造层的材质
		应表示排水设施、伸缩缝、护栏等安装构件预留的孔洞位置和连接件
附属结构	G1	宜用二维图形表示
	G2	应建模表示空间占位和外部轮廓
	G3	应建模表示构件尺寸
		应表示安装构件
	G4	宜按照产品的实际尺寸建模,表示外部构造及主要内部构造

续表 D.1-20

模型构件单元	几何表达精度	几何表达精度要求
支座	G1	宜用二维图形表示
	G2	应建模表示空间占位和外部轮廓
	G3	应建模表示构件尺寸
		应建模表示支座与桥梁上下部结构的连接方式
		应表示安装构件
	G4	宜按照产品的实际尺寸建模，表示外部构造及主要内部构造
		根据实际施工需要，将需要拆分的支座结构拆分，与上下部结构一同建模

表 D.1-21 交通专业的模型构件单元几何表达精度

模型构件单元	几何表达精度	几何表达精度要求
信号灯系统、监控	G1	可用二维图形表示
	G2	应建模表示空间占位和外部轮廓，可三维识别
	G3	应建模表示设计尺寸
		应表示设备主要外部构造
	G4	应建模表示实际尺寸与方向
		应表示实际安装方式，精确表示灯杆等附属构件的相对位置
		应表示设备外部构造与材质
通电通信	G1	宜用二维图形表示
	G2	应建模表示空间占位和外部轮廓，可三维识别
	G3	应建模表示设计尺寸
		管径大于 32 mm 的配线管应建模表示构件尺寸
	G4	应建模表示实际尺寸
		应表示设备外部构造与内部构件
电警系统、卡口系统	G1	可用二维图形表示
	G2	应建模表示空间占位和外部轮廓，可三维识别
	G3	应建模表示设计尺寸
		应表示设备主要外部构造
	G4	应建模表示实际尺寸
		应表示设备外部构造与材质
其他安全设施	G1	可用二维图形表示
	G2	应建模表示空间占位和外部轮廓，可三维识别
	G3	应建模表示设计尺寸与方向
		应表示设备主要外部构造
	G4	应建模表示实际尺寸
		应表示设备外部构造与材质

表 D.1-22　市政给水专业的模型构件单元几何表达精度

模型构件单元	几何表达精度	几何表达精度要求
设备	G1	宜用二维图形表示
	G2	应建模表示空间占位和外部轮廓，可三维识别
	G3	应建模表示设备设计尺寸及主要外部构造
		应建模表示其连接电缆桥架、附属设备或基座等安装位置及尺寸；应表达出与给水管道、管件、管道附件等的连接部位
	G4	应按照设备的实际尺寸建模，表示设备的外部构造、内部构造均应满足运维需求
管道、管件	G1	宜用二维图形表示
	G2	应建模表示管道、管件空间占位和外部轮廓
	G3	应按管道、管件的设计尺寸及材质建模，管道支管应建模
	G4	应按管道、管件的实际尺寸及材质建模，管线支管应建模
		法兰片应按实际尺寸及材质建模
管路附件	G1	宜用二维图形表示
	G2	应建模表示管道附件空间占位和外部轮廓
	G3	应建模表示构件的主要外部构造、设计尺寸、材质及连接方式
	G4	应建模表示构件的实际尺寸、材质、连接方式、安装附件等
附属	G1	宜用二维图形表示
	G2	应建模表示空间占位和外部轮廓
	G3	应建模表示构件设计尺寸
	G4	宜按照图集或者产品的实际尺寸建模，表示外部构造及内部构件

表 D.1-23　市政排水专业的模型构件单元几何表达精度

模型构件单元	几何表达精度	几何表达精度要求
设备	G1	宜用二维图形表示
	G2	应建模表示空间占位和外部轮廓，可三维识别
	G3	应建模表示设备设计尺寸及主要外部构造
		应表达出与给水管道、管件、管道附件等的连接部位
	G4	应按照设备的实际尺寸建模，表示设备的外部构造、内部构造均应满足运维需求
管道、管件	G1	宜用二维图形表示
	G2	应建模表示空间占位和外部轮廓
	G3	应按管道、管件的实际尺寸及材质建模，管线支管应建模
		重力管道按设计坡度建模
	G4	管道、管件应按照实际尺寸及材质建模，管线支管应建模
		重力管道按实际坡度建模

续表 D.1-23

模型构件单元	几何表达精度	几何表达精度要求
管路附件	G1	宜用二维图形表示
	G2	应建模表示管道附件空间占位和外部轮廓
	G3	应建模表示构件的主要外部构造、设计尺寸、材质及连接方式
	G4	应建模表示构件的实际尺寸、材质、连接方式、安装附件等
附属	G1	宜用二维图形表示
	G2	应建模表示空间占位和外部轮廓
	G3	应建模表示构件设计尺寸
	G4	宜按照图集或者产品的实际尺寸建模,表示外部构造及内部构件
雨水箱涵	G1	宜用二维图形表示
	G2	应建模表示空间占位和外部轮廓
	G3	应建模表示雨水箱涵设计尺寸与排水坡度;应建模表示雨水箱涵、检查井与市政排水管道的连接关系
	G4	应建模表示箱涵主体实际尺寸与排水坡度;应建模表示雨水箱涵、检查井与市政排水管道的连接关系
		应建模表示雨水箱涵的施工缝、变形缝、止水钢板和止水带等止水防水构件、成品井筒、井盖等

表 D.1-24 市政供冷供热专业的模型构件单元几何表达精度

模型构件单元	几何表达精度	几何表达精度要求
设备	G1	宜用二维图形表示
	G2	应建模表示空间占位和外部轮廓,可三维识别
	G3	应建模表示设备设计尺寸及主要外部构造
		应建模表示其连接电缆桥架、附属设备或基座等安装位置及尺寸;应表示出与给水管道、管件、管道附件等的连接部位
	G4	应按照设备的实际尺寸建模,表示设备的外部构造、内部构造均应满足运维需求
管道、管件、保温层	G1	宜用二维图形表示
	G2	应建模表示管道、管件空间占位和外部轮廓
	G3	应按管道、管件的设计尺寸及材质建模,管道支管应建模
	G4	应按管道、管件的实际尺寸及材质建模,管线支管应建模
		保温层应按实际尺寸及材质建模
		法兰片应按实际尺寸及材质建模

模型构件单元	几何表达精度	几何表达精度要求
管路附件	G1	宜用二维图形表示
	G2	应建模表示管道附件空间占位和外部轮廓
	G3	应建模表示构件的主要外部构造、设计尺寸、材质及连接方式
	G4	应建模表示构件的实际尺寸、材质、连接方式、安装附件等
附属(检查井、泄水井)	G1	宜用二维图形表示
	G2	应建模表示空间占位和外部轮廓
	G3	应建模表示构件设计尺寸
	G4	宜按照图集或者产品的实际尺寸建模,表示外部构造及内部构件

表 D.1-25　市政电气专业的模型构件单元几何表达精度

模型构件单元	几何表达精度	几何表达精度要求
管道、管件、包封	G1	宜用二维图形表示
	G2	应建模表示包封的空间占位和外部轮廓
	G3	应按管道、管件、包封的设计尺寸及材质建模,管道支管应建模
	G4	应按管道、管件、包封的实际尺寸及材质建模,管线支管应建模
电缆、电线敷设	G1	宜用二维图形表示
	G2	宜用二维图形表示
	G3	电缆应按产品的设计尺寸、构造信息建模
	G4	电缆、电缆头应按产品的实际尺寸、构造信息建模,预留电缆不建模;不考虑电缆的悬垂时,按直线建模
附属	G1	宜用二维图形表示
	G2	应建模表示空间占位和外部轮廓
	G3	应建模表示构件设计尺寸
	G4	工作井应按图集或者产品的实际尺寸建模,表示外部构造及内部构件
		电缆防火板应按产品的实际尺寸建模

表 D.1-26　市政照明专业的模型构件单元几何表达精度

模型构件单元	几何表达精度	几何表达精度要求
灯具	G1	宜用二维图形表示
	G2	应建模表示空间占位和外部轮廓
	G3	综合灯杆及杆件上附属构件应按设计尺寸进行综合建模
		基础应按设计尺寸单独建模
	G4	综合灯杆及杆件上附属构件应按实际尺寸进行综合建模
		基础应按实际尺寸单独建模
电气设备	G1	宜用二维图形表示
	G2	应建模表示主体空间占位，可三维识别
	G3	应建模表示设备尺寸及主要外部构造
	G4	应按产品的实际尺寸及外部构造建模
管道、管件	G1	宜用二维图形表示
	G2	宜用二维图形表示
	G3	应按管道、管件的设计尺寸及材质建模
	G4	应按管道、管件的实际尺寸及材质建模
电缆、电线敷设	G1	宜用二维图形表示
	G2	宜用二维图形表示
	G3	宜用二维图形表示
	G4	电缆、电缆头应按产品的实际尺寸、构造信息建模，预留电缆不建模；不考虑电缆的悬垂时，按直线建模
		电线以二维图形表示
电缆接线井	G1	宜用二维图形表示
	G2	应建模表示空间占位和外部轮廓
	G3	应建模表示构件尺寸
	G4	宜按照图集或产品的实际尺寸建模，表示外部构造及主要内部构造

表 D.1-27　仪表自控专业的模型构件单元几何表达精度

模型构件单元	几何表达精度	几何表达精度要求
设备	G1	宜用二维图形表示
	G2	应建模表示空间占位,可三维识别
	G3	应建模表示设备尺寸及主要外部构造
		应表达其连接管道、阀门、管件、附属设备或基座等安装构件
	G4	应按照设备的实际尺寸建模,表示设备的外部构造、内部构造均应满足运维需求
电缆、电线敷设	G1	宜用二维图形表示
	G2	宜用二维图形表示
	G3	室外、变电站和配电站内的电力电缆、干线电缆应建模表示构件尺寸,室内电缆不建模
		电线宜用二维图形表示
	G4	电缆应按产品的实际尺寸、构造信息建模,预留电缆不建模;不考虑电缆的悬垂时,按直线建模
		电线宜用二维图形表示
线路敷设配线管	G1	宜用二维图形表示
	G2	宜用二维图形表示
	G3	管径 32 mm 以上的配线管应建模表示构件尺寸
	G4	应按产品的实际尺寸建模
桥架及配件	G1	宜用二维图形表示
	G2	应按桥架的规格尺寸建模
	G3	应按桥架的实际规格尺寸及材质建模
		有防火包裹的宜按实际包裹材质及厚度添加属性信息
	G4	应按桥架实际规格尺寸及材质建模
		有防火包裹的宜按实际包裹材质及厚度添加属性信息
		宜按桥架实际安装尺寸进行分节
		宜按实际尺寸建模安装配件
支吊架	G1	宜用二维图形表示
	G2	宜用二维图形表示
	G3	宜用二维图形表示
	G4	应建模表示构件的实际尺寸、材质、连接方式、安装附件等

表 D.1-28　市政通信专业的模型构件单元几何表达精度

模型构件单元	几何表达精度	几何表达精度要求
管道、管件、包封	G1	宜用二维图形表示
	G2	应建模表示包封的空间占位和外部轮廓
	G3	应按管道、管件、包封的设计尺寸及材质建模,管道支管应建模
	G4	应按管道、管件、包封的实际尺寸及材质建模,管线支管应建模
通信井	G1	宜用二维图形表示
	G2	应建模表示空间占位和外部轮廓
	G3	应建模表示构件设计尺寸
	G4	应按图集或者产品的实际尺寸建模,表示外部构造及内部构件

表 D.1-29　市政燃气专业的模型构件单元几何表达精度

模型构件单元	几何表达精度	几何表达精度要求
管道、管件、保温层	G1	宜用二维图形表示
	G2	应建模表示管道、管件空间占位和外部轮廓
	G3	应按管道、管件的设计尺寸及材质建模,管道支管应建模
	G4	应按管道、管件的实际尺寸及材质建模,管线支管应建模
管路附件	G1	宜用二维图形表示
	G2	应建模表示管道附件空间占位和外部轮廓
	G3	应建模表示构件的主要外部构造、设计尺寸、材质及连接方式
	G4	应建模表示构件的实际尺寸、材质、连接方式、安装附件等
附属(检查井、示踪线、警示板)	G1	宜用二维图形表示
	G2	应建模表示检查井的空间占位和外部轮廓
	G3	应建模表示检查井的设计尺寸
	G4	应按产品的实际尺寸建模,表示外部构造及内部构件

表 D.1-30　市政环境卫生专业的模型构件单元几何表达精度

模型构件单元	几何表达精度	几何表达精度要求
设备	G1	宜用二维图形表示
	G2	应建模表示空间占位和外部轮廓,可三维识别
	G3	应建模表示设备设计尺寸及主要外部构造
	G4	应按照产品的实际尺寸建模,表示外部构造
管道、管件	G1	宜用二维图形表示
	G2	应建模表示空间占位和外部轮廓
	G3	应按管道、管件的实际尺寸及材质建模,管线支管应建模
		重力管道按设计坡度建模
	G4	管道、管件应按照实际规格尺寸及材质建模,管线支管应建模
		重力管道按实际坡度建模
管路附件	G1	宜用二维图形表示
	G2	应建模表示管道附件空间占位和外部轮廓
	G3	应建模表示构件的主要外部构造、设计尺寸、材质及连接方式
	G4	应建模表示构件的实际尺寸、材质、连接方式、安装附件等
附属	G1	宜用二维图形表示
	G2	应建模表示空间占位和外部轮廓
	G3	应建模表示构件设计尺寸
	G4	应建模表示构件实际尺寸

D.2　模型属性信息深度表

表 D.2-1　模型构件单元属性分类

信息深度	属性类	常见属性组	宜包含的属性名称
N1	身份信息	基本描述	名称
	尺寸信息	占位尺寸	长度、宽度、高度、厚度、深度、直径等
N2	定位信息	项目内部定位	楼层、区域位置、房间名称等
	系统信息	系统分类	系统类型
	功能信息	功能描述	用途
N3	技术信息	构造尺寸	长度、宽度、高度、厚度、深度、半径、内径、外径、公称直径、距离、间距、跨度、角度、坡角、斜率、坡比、周长、高差、坡度、面积、体积、容积等
		组件构成	主要组件名称
		设计参数	规格、型号、材质、混凝土强度等级、额定功率、电机功率、电压、额定电压、电流、额定电流、防护等级、防火等级、重量、风量、制冷量、制热量、噪声、系统图等
		技术要求	材料做法、施工要求、安装要求等
	模型结构分类编码信息	模型结构	专业、子专业、二级子专业、构件类别、构件子类别、构件类型
		编码信息	构件编码
N4	生产和安装信息	生产信息	生产厂家、联系方式、出厂日期、使用说明、维护说明
		采购信息	采购单位、进场日期
		安装信息	安装单位、安装日期、安装方式、交付日期
N5	资产信息	资产登记	—
		资产管理	—
	维护信息	巡检信息	—
		维修信息	—
		维护预测	—
		备件备品	—

注:①N2 等级信息包含 N1 等级信息,N3 等级信息包含 N1 和 N2 等级信息,N4 等级信息包含 N1、N2 和 N3 等级信息;②各专业构件 N3 的技术信息对应附录 B:BIM 模型构件信息表的构件属性;③模型构件的属性名称宜与本表一致,构件属性名称可根据需要进行增补,设备设施类的设计参数应包含铭牌中的技术信息。

参考文献

［1］中国民航机场建设集团公司．湖北鄂州民用机场工程可行性研究报告［R］．北京：新建鄂州民用机场可行性研究报告评估会，2020．

［2］中华人民共和国住房和城乡建设部．建筑信息模型应用统一标准：GB/T 51212—2016［S］．北京：中国建筑工业出版社，2017．

［3］中华人民共和国住房和城乡建设部．建筑信息模型施工应用标准：GB/T 51235—2017［S］．北京：中国建筑工业出版社，2018．

［4］中华人民共和国住房和城乡建设部．建筑信息模型设计交付标准：GB/T 51301—2018［S］．北京：中国建筑工业出版社，2019．

［5］中华人民共和国住房和城乡建设部．建筑工程设计信息模型制图标准：JGJ/T 448—2018［S］．北京：中国建筑工业出版社，2019．

［6］中国标准研究中心．信息分类和编码的基本原则与方法：GB/T 7027—2002［S］．北京：中国建筑工业出版社，2003．

［7］中华人民共和国住房和城乡建设部．建筑产品分类和编码：JG/T 151—2015［S］．北京：中国标准出版社，2015．

［8］中华人民共和国住房和城乡建设部．建筑信息模型分类和编码标准：GB/T 51269—2017［S］．北京：中国建筑工业出版社，2018．

［9］Building information models-Information delivery manual-Part 1： Methodology and format：ISO 29481-1：2016［S/OL］．［2016-05］.https：//www.iso.org/standard/60553.html.

［10］Building information models-Information delivery manual-Part 2：Interaction framework：ISO 29481-2：2012［S/OL］．［2012-12］.https：//www.iso.org/standard/55691.html.

［11］中国安装协会标准工作委员会．建筑机电工程BIM构件库技术标准：CIAS 11001：2015［S］．北京：中国建筑工业出版社，2015．

［12］Framework for building information modelling（BIM）guidance：ISO/TS 12911：2012［S/OL］．［2012-09］.https：//www.iso.org/standard/52155.html.

［13］Industry Foundation Classes（IFC）for data sharing in the construction and facility management industries — Part 1：Data schema：ISO 16739-1：2018［S/OL］.［2018-11］.

https：//www.iso.org/standard/70303.html.

［14］上海市住房和城乡建设管理委员会.建筑信息模型应用标准：DG/TJ 08—2201—2016［S］.上海：同济大学出版社，2016.

［15］重庆市城乡建设委员会.建筑工程信息模型设计标准：DBJ 50/T-280-2018［S/OL］.［2018-01-17］.http：//zfcxjw.cq.gov.cn/zwxx_166/gsgg/201801/t20180130_4096288.html.

［16］北京市规划委员会.民用建筑信息模型设计标准：DB11/T 1069—2014［S/OL］.［2014-02-26］.http：//ghzrzyw.beijing.gov.cn/biaozhunguanli/bz/jzsj/202002/t20200221_1665915.html.

［17］深圳市建筑工务署.BIM 实施管理标准：SZGWS 2015-BIM-01［S/OL］.［2015-05-07］.http：//szwb.sz.gov.cn/szsjzgwswzgkml/szsjzgwswzgkml/qt/tzgg/content/post_5543608.html.

［18］National BIM Standard - United States™ Version 3：2015［S/OL］.［2020-12-16］.https：//www.national bimstandard.org/.

［19］上海市住房和城乡建设管理委员会.城市轨道交通信息模型交付标准：DG/TJ 08-2203-2016［S］.上海：同济大学出版社，2016.

［20］贵州省住房和城乡建设厅.贵州省建筑信息模型技术应用标准：DBJ 52/T101—2020［S/OL］.［2020-12-31］.http：//zfcxjst.guizhou.gov.cn/zfxxgk/fdzdgknr/tzgg_5627003/gggs_5627005/202012/P020201231607404718916.pdf.